LA
PANOPLIE

DU XVᵉ AU XVIIIᵉ SIÈCLE

PAR

LE COMTE DE BELLEVAL.

PARIS,

CHEZ TOUS LES LIBRAIRES.

—

1873.

LA PANOPLIE

DU XVe AU XVIIIe SIÈCLE,

LILLE. IMPRIMERIE L. DANEL.

L'étude qui suit n'est, pour ainsi dire, que le résumé d'un grand travail destiné à être plus tard livré à la publicité. Telle qu'elle est, nous la dédions aux collectionneurs qui y trouveront des renseignements indispensables pour se guider dans le choix et l'appréciation si délicats des armes et des armures.

LA

PANOPLIE

DU XVe AU XVIIIe SIÈCLE

PAR

LE COMTE DE BELLEVAL.

PARIS,

CHEZ TOUS LES LIBRAIRES.

—

1873.

SOMMAIRE.

———

LA PANOPLIE

DU XVᵉ AU XVIIIᵉ SIÈCLE.

CHAPITRE Iᵉʳ.

ARMURES DE GUERRE.

NOMENCLATURE D'UNE ARMURE COMPLÈTE.

LE CASQUE. On appelle *timbre du casque* la partie bombée
qui emboîte et recouvre la tête, et qui est toujours
forgée d'un seul morceau. *La crête* est le sommet du
Le timbre. timbre, aplati et saillant, en forme d'arête. Formée
par un simple filet saillant ou une torsade dans les
casques du XVᵉ siècle et ceux des armures maximi-
La crête. liennes, *la crête* prend une grande proportion sous
François Iᵉʳ et Henri II, tend à diminuer sous les
Petits-Valois, Charles IX et Henri III, redevient
plus élevée et moins large à sa base sous Henri IV

Le mézail, les pièces qui le composent; ses transformations. et Louis XIII. — Sous le nom de *mézail*, on comprend la visière, c'est-à-dire l'ensemble des pièces mobiles qui défendaient le visage. Le *mézail* se compose d'une seule pièce mobile, au XVᵉ siècle et jusqu'à François Iᵉʳ. Depuis lors, il est presque toujours en deux parties qui s'appellent la *vue* ou *nazal* et le *ventail*. La vue ou nazal est la partie supérieure coupée par deux fentes longitudinales pour les yeux. Ces fentes, très-étroites dans les casques de joûte, deviennent très-larges sous Henri IV, et surtout sous Louis XIII. La vue se relève sur le timbre au moyen d'une cheville placée à droite. Le ventail ou partie inférieure du *mézail* forme, avec le nazal ou vue qui s'engage derrière sa pointe ou la rejoint immédiatement, une sorte de bec plus ou moins allongé, selon les époques. Le *mézail*, ou réunion de la *vue* et du *ventail*, presqu'arrondi au XVᵉ et au commencement du XVIᵉ siècle, en forme de soufflet dans les armures cannelées, s'allonge et s'effile sous François Iᵉʳ, Henri II et Henri IV ; il s'efface et s'aplatit presque sous Henri III et Louis XIII. Ce mézail est percé d'ouvertures de toutes les formes, et en plus ou moins grand nombre, pour la respiration. Sous Louis XIII même, à la dernière époque de l'armet, il est souvent fourni par une grille qui laissait respirer librement le cavalier, mais qui ne défendait qu'à peine son visage.

La mentonnière. *La mentonnière* est la partie inférieure du casque qui va rejoindre le timbre, en couvrant le bas et les deux côtés du visage : elle s'y rattache soit par un ressort, soit par deux crochets, soit, dans les derniers temps, sous Louis XIII principalement, par une courroie à boucle. Cette pièce affecte la forme du bas du visage, comme le timbre affecte celle du sommet de la tête. Dans certains casques, plus souvent dans les bourguignotes, elle est fendue par le milieu, en deux pièces qui se ferment au moyen d'un crochet et qui s'ouvrent comme une porte à deux battants en tournant autour de deux charnières placées sur les deux côtés du timbre; le mézail se réunit à la mentonnière, soit par un ressort, soit, et plus souvent, par un simple crochet placé à droite.

Le gorgerin. — *Le gorgerin*, qui termine la nomenclature des pièces du casque, est la réunion de plusieurs lames articulées, deux, trois ou quatre, qui recouvrent le colletin de l'armure et protégent l'intervalle découvert entre le colletin et le menton. Le gorgerin est réuni au casque par des rivets. Il s'ouvre en deux parties comme lui et avec lui. Il sert beaucoup à *Le gorgerin servant à déterminer la date du casque.* déterminer l'époque d'un casque. D'un seul morceau et faisant partie du casque, il se rencontre toujours ainsi dans les armures du XVe siècle et dans les armures maximiliennes; tombant presque perpendiculairement sur le colletin qu'il entoure étroitement, il désigne l'époque de Henri II; il est plus évasé et plus aplati sous Charles IX et Henri III; sous Louis XIII il est presque horizontal, de très-grande proportion et toujours composé d'une seule lame. Il faut, dans ce type, que le cavalier baisse la tête pour que le cou soit bien protégé.

Le casque à bourrelet. — Le casque dit *à bourrelet*, qui se rencontre à toutes les époques, au XVe et pendant presque tout le XVIe siècle, n'avait pas de gorgerin; le bas du timbre et de la mentonnière portait une gorge dans laquelle s'adaptait le filet saillant du colletin. Le cavalier pouvait aussi bien tourner la tête, mais avait beaucoup plus de difficulté à la baisser en avant ou en arrière.

Le porte-plumail. Ajoutons encore le porte-plumail, qui était toujours placé, dans les armets, derrière le timbre, au-dessous du bas de la crète, et souvent dans les bourguignotes sur le côté gauche du timbre.

Les différentes espèces de casques. [L'armet. Les différentes espèces de casques usités furent :

Le bassinet. 1° L'armet, ou casque de cavalier, que nous venons de décrire ; 2° le *bassinet*, employé du milieu du XIVe au milieu du XVe siècle, avec un *timbre* souvent de forme ovoïde, un *mézail* très-pointu, d'une seule pièce, et un gorgerin de La salade. mailles qui entourait le cou ; 3° *la salade*, en usage dans la deuxième moitié du XVe siècle, avec un timbre arrondi, presque sphérique, un grand couvre-nuque, qui fait corps avec elle, d'une seule pièce, et qui descend jusqu'entre les deux épaules, et une visière, arrondie comme le timbre dont elle n'est que le prolongement, qui descend jusqu'au nez. La défense du visage, avec cet habillement de tête, était complétée par *la bavière* ou mentonnière d'un seul morceau, vissée à la partie supérieure de la cuirasse, et rejoignant la visière, à condition que l'homme d'armes abaissât légèrement la tête. La *salade* finit par être détrônée par *l'armet*, dans les vingt dernières années du XVe siècle. On ne la retrouve plus postérieurement que dans certaines armures de joûte, principalement en Allemagne, et jusqu'à la fin du La bourguignote. XVIe siècle ; 4° *la bourguignote*, casque léger, spécial à l'infanterie dans le principe, mais adopté par les cavaliers à la fin du XVI° siècle, en y ajoutant une visière articulée dite *bavière* ou *garde-face*, qui s'attachait aux *deux oreillettes* par des crochets, ou simplement par une courroie à boucle passée autour du gorgerin, et, sous Louis XIII, une *barre de nasal*, ou *nasal mobile* que l'on pouvait relever ou abaisser au moyen d'un écrou. C'est la dernière forme de ce casque. La *bourguignote* se composait du timbre surmontée d'une crête, basse pendant les deux tiers du XVI° siècle, extrêmement développée sous Henri III et Henri IV, d'une visière plate plus ou moins longue, parfois mobile autour de deux pivots, et de deux oreillettes, mobiles autour de deux charnières : ces oreillettes se rejoignaient quelquefois pardevant, couvrant tout le bas du visage jusqu'à la bouche, et fermées par un crochet ou bien reliées par une courroie ; 5° *le morion*, attribué surtout aux arquebusiers, porte un timbre élevé, presque ogival, surmonté d'une très-haute crête ; ses bords larges, abaissés sur les oreilles, se relevant en avant et en arrière, donnaient à ce casque la forme d'un bateau, et laissaient la vue entièrement libre et le visage et la nuque tout-à-fait découverts. Le morion et le suivant étaient quelquefois munis de jugulaires. On reconnaissait, dit Brantôme, s'ils étaient faits en France ou en Italie, en ce que les armuriers français « ne les vuidoient pas si bien et leur faisoient la crête par trop haute. » Presque toutes les compagnies d'infanterie étaient armées du morion gravé et doré « d'or moulu » que Strozzi achetait pour ses soldats à

Le morion.

raison de 14 écus la pièce. Le prix ayant paru excessif, on fit venir de Milan les morions gravés en blanc, on les donnait ensuite à un doreur de Paris, et ils ne coûtaient plus ainsi que 8 ou 9 écus ;

Le petit armet. 6° *le petit armet*, ou *morion sans crête*, à petits bords plats, rarement abaissés. Il est surmonté d'une pointe contournée ayant la forme d'un petit ergot. Il a été usité surtout en Italie ; 7° *le cabas-*

Le cabasset. *set*, casque de piquier, à timbre rond, sans arête, avec de larges bords fortement abaissés, en usage aux XVIᵉ et XVIIᵉ siècles ; 8° *le casque de cuiras-*

Le casque de cuirassier sous Louis XIV *sier*, sous Louis XIV, ou dernière forme du casque porté avec l'armure, était en forme de grande casquette, avec une visière fixe traversée par une barre de nasal, un large couvre-nuque articulé, en forme d'éventail, et deux oreillettes ; 9° *le chapeau*

Le chapeau de fer. *de fer*, à bords larges et plats, avec une barre de nasal mobile, a été usité sous Henri IV et sous Louis XIII seulement ; mais il a dû être d'un usage peu fréquent, car il est très-rare dans les

La secrète. collections ; 10° casques dits *secrètes*: c'était une calotte de fer qui, sous Henri III, affectait la forme de la coiffure civile dont elle était proprement la doublure. Ce type est représenté dans notre collection par une pièce que l'on peut consi-dérer comme unique. La calotte pleine ou ciselée à jour, que l'on mettait dans le fond des cha-peaux sous Louis XIII, entre le feutre et la dou-blure, appartient à cette catégorie de *secrètes*: mais elle est plus commune, et le musée d'artil-lerie de Paris en offre cinq modèles.

LE COLLETIN. On nomme ainsi la pièce de l'armure qui défend

le cou, qu'elle entoure, et le haut de la poitrine et du dos. C'est le colletin que l'on endossait d'abord, car c'est par dessus lui que se réunissent les deux parties de la cuirasse par des bretelles de cuir ou de fer; c'est à lui que s'attachent les épaulières par des pivots à clavettes ou plus souvent par des courroies à boucles. Le colletin se compose de deux parties détachées, reliées à gauche par une charnière, et à droite par un bouton entrant dans une coulisse à queue. Presque toujours formées de lames articulées pour les armures de cavalier, ces deux parties sont le plus souvent d'un seul morceau dans les armures de fantassin.

Le colletin, très-développé sous Louis XIII, a donné naissance au hausse-col moderne. Sous Louis XIII, dans les armures complètes, le colletin très-développé, parce que la cuirasse est excessivement courte, est d'un seul morceau : quand on quittait l'armure, à cette époque, pour le buffletin en cuir d'élan, on conservait ce grand colletin, qui descendait parfois jusqu'au milieu de l'estomac. Il portait alors le nom de *hausse-col*. Réduit à sa partie antérieure et bien diminué de grandeur, il s'est conservé jusqu'à nos jours et fait encore partie de l'équipement de nos officiers d'infanterie. — Le colletin était garni, autour du cou, dans sa partie supérieure, d'un filet saillant, plus ou moins épais, uni ou en torsade, sur lequel s'ajustait la gorge du casque, dans les armets dits à bourrelet. — Dans la collection de l'Empereur, on en remarque un dont le filet saillant s'abaisse en avant et imite les bouts du col de la chemise. Celui-là est une curieuse et unique exception.

LA CUIRASSE. Elle se compose de deux pièces, le *plastron*, ou

partie antérieure ; et *la dossière*, ou partie postérieure. De toutes les pièces de l'armure, la cuirasse
est celle dont la forme sert le plus sûrement à
déterminer exactement l'époque de l'armure. Elle
a varié sous chaque règne, et les modes civiles se
reflétaient surtout sur la cuirasse, la partie princi-
pale et la plus en évidence de l'armement.

Au XVe siècle, le plastron est en deux pièces ;
la partie inférieure, ou *pansière*, partant de la ceinture, allait se terminer en pointe au creux de l'estomac, souvent au-dessus, et par derrière entre les
deux épaules ; cette dernière partie était parfois articulée, ainsi qu'on le voit dans la belle armure
équestre appartenant à M. le comte de Nieuwerkerke dans celle du Musée d'artillerie, et dans les
splendides spécimens historiques provenant de la
galerie du château d'Ambras dans le Tyrol, et
conservés à Vienne. La partie supérieure du
plastron s'engageait sous la pansière. Elle était
échancrée au cou et aux bras : c'est là le plastron
proprement dit : il s'attachait à la pansière, devant
et derrière, à l'extrémité de la pointe, soit par un
rivet, soit par une courroie à boucle. Parfois la
pansière n'était que posée sur le plastron, et justifiait ainsi son but, qui était de permettre au cavalier de se pencher en avant et en arrière. La dossière était établie dans le sens inverse, c'est-à-dire
que la partie supérieure s'appuyait sur la partie inférieure. L'ensemble de ces pièces portait quelquefois
le nom de « cuirasse à emboitement ». Cette cuirasse caractérise tout le XVe siècle jusqu'environ
1470. Elle n'est que très-légèrement bombée et
reproduit la forme de la poitrine.

A partir de 1470, donc, la pansière disparaît ;
le plastron et la dossière sont chacun d'une seule
pièce ; le plastron est bombé et sans arête médiane
Cette disposition se maintient dans les armures dites
maximiliennes ou armures cannelées, d'un très-
beau travail, dont on rapporte l'invention à l'Empereur Maximilien Ier, ou dont l'usage fut surtout
répandu en Allemagne pendant le règne de ce prince,
qui mourut en 1519, mais auquel, en Allemagne
seulement, elles survécurent pendant une grande
partie du XVIe siècle. L'armure maximilienne,
usitée en France sous Charles VIII et Louis XII,
disparaît absolument sous le règne de François Ier.
— Les pourpoints à crevés et tailladés du règne
de Louis XII se retrouvent dans quelques cuirasses fort rares, mais sans en changer la forme
bombée. Ce n'est qu'une modification de l'étoffe,
si l'on peut parler ainsi, et pas de l'habit. Nous
citerons par exemple une demi-armure de la collection de l'Empereur, n° II, et deux armures
de fabrication italienne, au musée d'Artillerie (G, 8

et 9). — Sous François Ier la forme bombée du plastron a disparu, et elle est remplacée par une autre
forme absolument particulière à tout le règne de
François Ier et qui n'a excédé ce règne que
pour les armures de fantassins et pendant la première partie du règne de Henri II seulement. Le
plastron est partagé par une arête médiane qui
forme une forte saillie et se relève en pointe au milieu de l'estomac. Il paraît avoir quatre versants se
réunissant en pointe à leur extrémité. On pourrait
comparer ce plastron à un toit à quatre faces.

La cuirasse
sous
les règnes
de Henri II,
Charles IX
et Henri III. Le règne de Henri II modifie la forme du plastron. Le pourpoint civil s'est aplati et un peu allongé. La cuirasse conservant son arête médiane, qui la partage en deux versants, présente sa partie saillante beaucoup plus bas, un peu au-dessus de la ceinture ; sous Charles IX , la pointe du plastron descend plus bas encore, elle atteint le haut du ventre, et les hanches sont échancrées. Sous Henri III, la pointe du plastron , extrêmement exagérée, atteint le milieu, quelquefois même le bas du ventre, comme dans l'armure du duc de Mayenne au Musée d'Artillerie , et le plastron est très-échancré sur les hanches. C'est la reproduction complète du pourpoint du costume civil, dont les estampes du temps retracent l'aspect si curieux. Les cuirasses de l'époque de Charles IX et de Henri III donnent une grace extrême à l'armure, dont elles allongent la taille en élargissant la poitrine et les épaules. Un amateur anglais , sir Samuel Meyrick, les compare à des cosses de pois; c'est parfaitement exact , et nous serions aussi exacts que lui en comparant à notre tour ces plastrons au pourpoint si populaire de Polichinelle.

La cuirasse
sous le règne
de Henri IV. Sous Henri IV , le pourpoint civil étant ramené à des proportions plus normales , l'équipement militaire s'en ressent aussitôt. La pointe exagérée de Henri III a disparu. La cuirasse dessine mieux la taille , elle reprend quelque ressemblance avec celle de l'époque de Henri II; mais ce n'est qu'une période de transition extrêmemenet courte entre deux excentricités, entre l'armement sous Henri III et celui sous Louis XIII. Là, le pourpoint civil est très-court , la taille est sous les bras, pour ainsi

La cuirasse
sous le règne
de Louis XIII. dire ; échancré sur les hanches, il se termine par des basques qui, par devant s'allongent en une longue pointe flottante jusqu'au sommet des cuisses. Telle est la cuirasse si caractéristique de cette époque, qui, sans exception, n'a qu'une arête médiane très-insignifiante, mais s'allonge en pointe si exagérée et en même temps si peu saillante que la courroie de ceinture se boucle par dessus à la hauteur normale de la taille, tandis que sous Henri IV elle passe en dessous de cette pointe qui la maintient solidement à sa place. Ce plastron ne fit que s'exagérer jusqu'à la fin du règne de Louis XIII, et il devient en même temps très-pesant. Parfois même, comme il s'en rencontre un exemple dans notre collection, il est revêtu d'un double plastron derrière lequel la poitrine était invulnérable.

Le cuirasse
sous le règne
de Louis XIV. Le règne de Louis XIV nous offre la dernière époque de l'armure. Les très-rares armures des premières années de ce règne font triste figure, d'ailleurs, auprès de celles que nous venons d'énumérer : le plastron est plat, presque sans arête médiane, sans pointe ; il est modelé sur la forme du corps humain ; il est rationnel, mais disgracieux, ainsi que le casque et toutes les autres pièces. Bientôt la cuirasse devient la même que celle de nos cuirassiers, mais sous Louis XIV et Louis XV elle n'est plus portée que par les officiers-généraux, qui s'en débarrassent souvent les jours de bataille, comme d'un objet incommode.

Cuirasses
ou armures
de ville. Il faut citer encore, sous cet article, la cuirasse dite *de ville* ou *armure de ville*, qui se subdivise en deux variétés : celle qui n'était pas apparente,

2

que l'on endossait sous le pourpoint, et celle que l'on mettait par dessus le pourpoint et qui était plutôt de parade que de défense. La première était à l'épreuve de la balle, la deuxième ne garantissait que de l'épée ou du poignard. Ces sortes de cuirasses se rencontrent surtout sous le règne de Henri III, où la multiplicité des duels, des attaques dans la rue en justifiait amplement l'usage. La cuirasse secrète est fort rare; nous n'en connaissons qu'un seul exemple, celle qui existe sous le n° 18 dans notre collection. Ce plastron, très-pesant, est de la plus belle forme du règne de Henri III; il a dû appartenir à un homme élégant, qui se conformait à la mode la plus nouvelle. Il monte très-haut, jusqu'à la naissance du cou, entoure complètement les bras, et s'ouvre en deux pièces qui tournent sur des charnières placées sous les aisselles et se ferment par devant au moyen de deux crochets. Une ligne de petits trous qui parcourt le plastron du haut en bas, qui entoure le collet et les entournures des bras, indique les endroits sur lesquels était cousue l'étoffe du pourpoint qui recouvrait entièrement cette cuirasse si curieuse. Avec le petit casque, dit secrète, qui servait à doubler la toque, on était armé aussi bien que possible et sans le paraître. — La cuirasse de ville *apparente* est exactement faite sur le même modèle, mais alors elle est recouverte des plus riches gravures, comme au n° 17 de notre collection; parfois ses dessins rappellent les étoffes brochées des pourpoints (un exemple dans la collection de M. le comte de Nieuwerkerke); les boutons même sont imités, comme dans la très-belle cuirasse n° 61 du musée d'Artillerie. Toutes

La cuirasse secrète. On la remarque surtout sous le règne de Henri III.

La cuirasse apparente.

celles-ci ont le même système de fermeture par devant, au moyen de deux ou trois crochets. — Il y

Les armures de ville, complètes.

avait également des armures de ville, plus complètes, avec les brassards et de très-courtes tassettes (n°ˢ 11 et 22 de notre collection), mais le plastron, pour la forme et la fermeture, était analogue à celui de l'armure de guerre et ne se portait pas sans un colletin détaché. — La cuirasse de ville, imitant les boutons et l'étoffe du pourpoint se rencontre aussi sous Louis XIII, témoin le n° 34 de notre collection.

La cuirasse dite à écrevisse.

Il y avait encore la cuirasse *dite à écrevisse,* c'est-à-dire formée de lames transversales et à recouvrement. Cette cuirasse se rencontre rarement dans les armures de cavalier : on en trouve de plus fréquents exemples dans les armures de gens de pied, surtout pendant la deuxième moitié du XVIᵉ siècle.

Comment la cuirasse est garnie intérieurement.

L'armure n° 24 de notre collection permet de constater que la cuirasse était doublée d'un fort cuir de buffle qui ne devait avoir d'autre but que de protéger l'étoffe du pourpoint.

Comment la cuirasse est fermée et attachée.

Le plastron se reliait à la dossière au moyen de courroies en forme de bretelles, en buffle, quelquefois recouvert d'écailles de fer, principalement sous Louis XIII, quelquefois tout en fer, qui passaient par-dessus les épaules en s'appuyant sur le colletin : sur les côtés ces deux pièces étaient réunies par des bandes de fer à œillets entrant dans un pivot, ou par des crochets, ou dans les derniers temps par une courroie de ceinture terminée par une boucle.

L'ARRÊT DE LA LANCE OU FAUCRE.

Le mot *faucre,* qui sert aujourd'hui uniformé-

ment à désigner cette partie de l'armure, est moderne. On désigne sous ce nom une pièce de fer,
tantôt courbée, tantôt droite, solidement vissée au
côté droit de la cuirasse, contre laquelle elle se
relève au moyen d'une charnière ou d'un ressort
afin que l'homme d'armes, quand il ne combat
pas avec la lance, ait les mouvements du bras droit
plus libres pour pouvoir manier son épée. Dans les
armures de tournoi dont on fit usage en France
au XVe siècle, et dont l'usage s'est perpétué en

Le faucre dans les armures de tournoi.

Allemagne pendant tout le XVIe siècle, le faucre
supportait une longue rainure qui, passant sous
le bras, se prolonge jusque derrière le dos. La
collection de l'Empereur en possède quatre types
admirables, celle de M. le comte de Nieuwerkerke un, et le Musée d'artillerie quatre. La lance,
couchée dans cette rainure était maintenue bien
plus facilement en arrêt, et le jouteur n'avait pour
ainsi dire plus qu'à guider le fer. Avec l'armure
de guerre, où le faucre n'était qu'un simple crochet ou une lame large de deux doigts, il fallait
déployer une grande force et une grande adresse
pour y coucher et y maintenir horizontalement la
lance. Le faucre est placée à la hauteur de l'aisselle : il en est qui sont très-curieusement tra-
vaillés et ornés de fines ciselures, mais le plus
souvent ils sont tout unis, même dans les armures

Le faucre n'existe que dans les armures de cavalier.

les plus riches. On en trouve quelquefois à des
armures de chevau-légers, c'est-à-dire qui ne portent que les grands cuissards, les courtes épaulières et la bourguignote : dans celles-ci, et à la
fin du XVIe siècle, le faucre est placé un peu plus

Quand
il disparaît.
bas. Il disparut entièrement des armures en 1605, lorsque Henri IV eut supprimé l'usage de la lance.

LA
BRACONNIÈRE.
On connaît sous ce nom une ou plusieurs lames de fer dont la première est rivée au bas du plastron, et dont la dernière supporte les tassettes. C'est proprement la partie de l'armure qui réunit les tassettes à la cuirasse. Tantôt la braconnière n'a qu'une seule lame, tantôt elle en a jusqu'à cinq. Ces lames sont articulées, à recouvrement, et réunies par des rivets qui leur laissent une certaine mobilité. Elles sont arrondies pour suivre la forme des hanches et du ventre qu'elles sont destinées à défendre. Celle du bas, échancrée au milieu, porte à cette partie le même ornement qui borde les grandes pièces de l'armure, soit filet creux, soit torsade, soit bande gravée. A l'époque de Charles IX, de Henri III et de Henri IV, la braconnière n'a le plus souvent qu'une seule lame, en raison de la forme de plus en plus évasée des tassettes. Avec les armures de la fin de Henri IV et de Louis XIII, lorsque le grand cuissard est définitivement adopté, la braconnière disparaît souvent, et le grand cuissard est attaché directement au corps de la cuirasse par des vis et des écrous ou par des crochets, ou enfin par des courroies à boucles.

La braconnière n'a quelquefois qu'une seule lame.

A quel propos elle disparaît.

LES
TASSETTES.
C'est une des parties de l'armure qui présentent le plus de variétés, quoique avec des types bien définis pour chaque époque. On appelle tassette la pièce qui, continuant la braconnière à laquelle elle se rattache, soit par des courroies à boucles, soit par

des boutons entrant dans des coulisses à queue, protége l'intervalle entre le ventre et le sommet des cuissards, c'est-à-dire le bas-ventre et le haut des cuisses. Au XVᵉ siècle, avec l'armure à pou-

Les tassettes en tuiles au XVᵉ siècle.

laines, avec la cuirasse à pansière, les tassettes étaient des plaques de fer faites d'un seul morceau en forme de tuiles pointues, parfois chargées au milieu et sur les extrémités d'un filet perpendiculaire ciselé en torsade. A quelques armures de cette époque on voit quatre tassettes, deux de chaque côté, elles sont alors de moins grande dimension. Ces tassettes en tuiles, d'une seule pièce, continuèrent à être en usage, pour les armures de joûte, jusque sous Henri III, mais c'est l'exception. Sous les Valois, l'armure de joute avait le plus ordinairement des tassettes formées de deux lames larges et presque plates. Dans l'armure de guerre, à partir de l'armure maximilienne jus-

Les tassettes articulées.

qu'à l'adoption du grand cuissard, les tassettes articulées sont faites de lames étroites placées à recouvrement, clouées sur des lanières de buffle placées à l'intérieur, ou réunies par des rivets, ce qui leur donnait autant de flexibilité.

Les tassettes dans les armures maximiliennes

Les tassettes des armures maximiliennes sont généralement aussi cintrées que les cuissards sur lesquels elles s'adaptent bien, et sont toujours rattachées par des rivets à la dernière lame de la braconnière dont elles paraissent former la conti-

Les tassettes sous François Iᵉʳ, Henri II, Charles IX et Henri III.

nuation sans solution de continuité. Sous François Iᵉʳ, les tassettes sont souvent d'un seul morceau, moins cintrées, assez évasées et réunies à la braconnière par deux ou trois courroies à boucles. Sous Henri II et Charles IX les tassettes sont

toujours attachées par des courroies et des boucles, généralement assez cintrées, et commencent
à s'écarter l'une de l'autre. Sous Henri III, les
tassettes courtes, beaucoup moins cintrées, s'écar-
tent beaucoup plus et ont toujours trois courroies
à boucles. Nous parlons ici des armures de cavaliers seulement. Pour les armures de gens de
pied, il y a les tassettes à lames très-étroites et
parfois au nombre de douze ou treize : elles imitent
les bouffants du haut-de-chausses sous Charles IX
et Henri III; ce sont celles des armures de capi-
taines ou de gentilshommes. Dans les armures
de simples fantassins, pendant tout le XVIᵉ siècle,
la grande tassette tombant droite le long de la
cuisse, et faisant l'office de cuissards, s'arrête à la
pointe du genou sans l'emboîter ni l'indiquer. Dans
ce cas, elle est rattachée à la cuisse par une ou deux
courroies. Les tassettes des armures de piquiers, sous
Louis XIII, sont très-larges, plates, presque carrées et d'une seule pièce: parfois elles imitent les
lames articulées des tassettes de l'armure de cheval.
Quelquefois elles tiennent au corps de la cuirasse
par des charnières et peuvent se relever à volonté.
Ces sortes de tassettes se touchent et forment
par devant comme une espèce de tablier qui descend quelquefois jusqu'aux genoux.

Parfois les tassettes sont inégales, dans les armures de cavalier ; on en trouve où indistinctement
tantôt c'est celle de droite, tantôt celle de gauche qui est plus longue que l'autre. Il en est
aussi d'inégale épaisseur. En règle générale, la
dernière lame, celle du bas, est toujours plus ou
moins arrondie, et elle est bordée des mêmes

Les tassettes dans les armures de gens de pied.

Les tassettes des armures de piquier sous Louis XIII.

Les tassettes inégales en dimension et en épaisseur.

filets que les grandes pièces de l'armure. Dans
les armures unies, les tassettes portent toujours
une certaine quantité de clous, soit en cuivre,
soit en fer, disposés en rosaces ou en étoiles, qui
ne servent qu'à l'ornementation. Il en est qui ont
des ornements repoussés, fleurs de lys fleuron-
nées ou autres, tandis que tout le reste de l'armure est uni. On peut dire que c'est surtout à la
fin du XVIᵉ siècle que l'on rencontre le plus d'uniformité dans les tassettes : jusque-là, c'est sur
elles que les armuriers trouvaient le plus à exer-
cer leur imagination ou leur fantaisie.

C'est la dernière pièce de l'armure destinée à
défendre le buste. Son nom est significatif. Dans
les armures du XVᵉ siècle, le garde-reins, formé
de plusieurs lames articulées, à recouvrement,
comme la braconnière, s'évase en forme d'éventail, et, passant pardessus la selle du cheval,
va tomber jusque sur sa croupe. Pendant tout le
XVIᵉ siècle, au contraire, sans exception, le garde-
reins n'est qu'une seule lame étroite qui ne peut
offrir une défense sérieuse que si le cavalier porte
un jupon de mailles. Sous Louis XIII le garde-
reins prend des proportions considérables : articulé, quelquefois à cinq ou six larges lames, il
entoure le cavalier et vient rejoindre les grands
cuissards qu'il dépasse même quelquefois. Dans ces
conditions, il affecte presque la forme d'un jupon.
Dans les armures du XVIᵉ siècle, le garde-reins
est attaché à la dossière par deux rivets, il est
d'une seule pièce, il est immobile ; tandis que
pour ces grands garde-reins du XVIIᵉ siècle, les

lames sont montées sur des lanières en buffle et très-mobiles pour que le cavalier puisse s'asseoir facilement. S'il n'y avait pas eu une extrême flexibilité dans cette pièce, un tel mouvement serait devenu impossible. Ce grand garde-reins, qui se détache à volonté, est fixé à la dossière par un écrou et une vis placés au milieu ou par deux crochets aux deux extrémités.

L'épaulière recouvre l'épaule : c'est elle qui rattache le brassard au colletin, c'est elle qui couvre le défaut de la cuirasse entre cette pièce et le colletin. La forme de l'épaulière sert aussi à déterminer l'époque d'une armure, et quand une armure est incomplète, elle aide parfaitement à en préciser la provenance. Elle porte en elle-même des caractères irrécusables et tout un enseignement.

Dans une armure de cavalier, aux XVe et XVIe siècles, l'épaulière droite est toujours évidée et laisse à découvert l'aisselle droite; c'est afin de permettre au cavalier de mettre plus facilement la lance en arrêt, puisque le bois de la lance, appuyé sur le faucre ou arrêt de la lance, doit en même temps être maintenu en équilibre par la pression de l'aisselle sous laquelle il passe. L'épaulière gauche, plus ou moins développée, couvre toujours l'aisselle gauche et ferme de ce côté l'ouverture de la cuirasse. La première lame des épaulières, celle qui est au sommet de l'épaule, est généralement étroite : elle porte une boucle dans laquelle passe une courroie attachée au colletin, ou bien un œillet tandis que le colletin est muni d'un pivot à clavette; ensuite vient une seconde lame, du double plus large, qui emboîte la pointe de

l'épaule et enfin deux ou trois lames à recouvrement qui s'arrondissent autour de la naissance du
bras et vont rejoindre le sommet du brassard.

Voilà l'ensemble de l'épaulière. Dans les armures
Les épaulières
dans
les armures
de
chevau-légers
et de
gens de pied. de chevau-légers, au milieu du XVI° siècle, ou
de fantassins, l'épaulière courte n'est composée
que d'une succession de lames d'égale largeur, au
nombre de trois à six, rattachées au colletin par
les mêmes moyens, mais qui laissent à découvert,
devant et derrière, l'entournure de la cuirasse.
Dans ce cas, la lame supérieure, au lieu de passer
sur la cuirasse, s'engage par dessous, ce qui s'explique parce que, dans beaucoup de ces armures,
l'épaulière ne fait qu'un avec le colletin dont elle
ne peut être séparée. Pour combler ces larges
vides, le fantassin et le chevau-léger s'armaient
par dessous d'une chemise de mailles, et adaptaient
parfois à ces épaulières des *rondelles de plastron*
dont nous parlerons plus loin.

Avec la disparition de la lance, ou du moins
avec son usage de moins en moins fréquent, les
épaulières des armures de cavalier redevinrent
symétriques, mais alors le plastron ne portait jamais
le faucre. Sous les règnes de Henri III, de Henri IV
et de Louis XIII, les courtes épaulières des armures
de gens de pied font place aux épaulières analogues
à celles des cavaliers ; les couvre-seins s'élargissent
et viennent presque se rejoindre au milieu du plastron et au milieu de la dossière. Le sommet de
l'épaulière, au lieu d'une grande lame, en porte
plusieurs articulées, qui jouent bien et permettent
de lever le bras pour frapper avec l'épée, mouvement
difficile, presqu'impossible à faire avec l'épaulière

Les épaulières sous Henri IV. de cavalier. Au règne de Henri IV est particulière l'épaulière la plus ingénieuse de toutes. Les couvreseins sont formés de lames disposées en éventail, réunies à leur centre par un bouton d'applique représentant souvent une tête de lion ; elles donnent une grande facilité pour rapprocher les bras du corps et même pour les croiser sur la poitrine.

Les épaulières sous Louis XIII. Sous Louis XIII les épaulières, très-vastes, sont coupées carrément devant et derrière et ont perdu beaucoup de leur grâce primitive.

Depuis la fin du XVe siècle jusqu'au règne de Henri II, les épaulières de cavalier présentent la *La passe-garde ou garde-collet.* pièce nommée *passe-garde*, ou *garde-collet*, par opposition à celle du milieu du XVe siècle, qui n'était presque qu'une simple saillie. C'est une lame attachée à la dernière lame de l'épaulière par des rivets, mais placée debout ou droite, et formant comme une espèce de bouclier, la pointe en l'air, ou arrondie. Son but était d'arrêter le coup de lance et de l'empêcher de toucher le colletin ou le gorgerin de *De l'utilité de la passe-garde.* l'armet. C'est pourquoi trouve-t-on plus fréquemment celle de gauche plus développée que celle de droite. Il en est pourtant beaucoup de symétriques. Il est aussi des armures qui n'en ont que du côté gauche, et cela est facile à comprendre si l'on songe que pour se servir de la lance, le cavalier portait forcément le côté gauche du corps en avant, et que ce côté était donc le plus exposé aux coups. Ces passe-gardes ou garde-collets sont tantôt très-évasées, tantôt presque perpendiculaires au plastron. Leur forme, leur hauteur varient tellement que l'on ne saurait les rencontrer absolument pareilles dans deux armures. Sur quelques-unes on remarque une devise ou une invocation gravées. Elles disparurent avec le règne de François Ier.

Comment l'épaulière se rattache au brassard. L'épaulière est reliée au brassard par une courroie à boucle passant dans un œillet en cuir fixé à la lame supérieure du brassard.

LES BRASSARDS. Le brassard comprend la partie du bras depuis le niveau de l'aisselle jusqu'au poignet. Il se compose de deux cylindres d'acier réunis par la *cubitière*. Le cylindre du haut s'appelle *brassard d'arrière-bras*, celui d'en bas *brassard d'avant-bras* ou *canon*. Ces deux cylindres sont toujours d'une seule pièce. Celui du bas s'ouvre en deux parties tournant sur des charnières placées en avant et se rattachant en dessous au moyen de pivots entrant dans des œillets, quelquefois de courroies et boucles, mais plus rarement. La cubitière, emboîtant le coude dont elle affecte la forme, est d'une seule pièce, mais elle est accompagnée de deux lames mobiles, en sorte que le bras peut très-aisément se plier. Mais ce n'est pas tout; comme il fallait encore que le bras pût tourner sur lui-même, on divisait le brassard d'arrière-bras en deux parties, l'une fixe, l'autre mobile, munie d'une saillie qui entre dans une gorge appliquée à la partie fixe. C'est la partie supérieure qui porte la gorge. A l'aide de ce système, le double mouvement de flexion et de torsion est aussi facile que si le bras n'était pas armé. Telle est la règle invariable pour les armures de cavalier. Dans les armures de gens de pied les trois parties du brassard sont quelquefois absolument indépendantes et reliées par des courroies, mais cette façon nécessitait encore plus l'emploi d'un vêtement de dessous, en mailles ou en buffle. Dans les armures de reitre, sous Henri IV et Louis XIII, le brassard d'avant-bras et la cubitière sont remplacés par un gantelet dont le revers atteint le coude et l'emboîte.

La cubitière, ses ailerons et ses transformations successives. La forme de la cubitière a beaucoup varié. Elle est toujours d'une seule pièce, nommée cubitière pour l'ensemble; mais, à proprement parler, on ne désigne sous ce nom que la partie qui emboîte le coude, et l'on nomme *aileron* la partie qui garantit la saignée. Tantôt l'aileron enveloppe tout-à-fait la saignée du bras, tantôt il n'en recouvre que la moitié antérieure. De très-grande dimension pendant toute la première moitié du XVIᵉ siècle, il diminue toujours jusqu'à l'époque de Louis XIII. Son développement est en raison du plus ou moins de largeur de la solution de continuité qui existe entre les deux pièces du brassard pour que le bras se plie complètement. On comprend que le bras n'était donc bien garanti que quand il était entièrement plié, puisqu'alors seulement l'aileron venait rejoindre les deux parties du brassard ; de là, la nécessité d'être armé de mailles d'acier à cette partie du bras. Sous Henri IV déjà, mais surtout sous Louis XIII, on suppléa à ce défaut par un système fort ingénieux : toute la partie intérieure du brassard, protégée jusqu'ici par l'aileron, fut garnie de lames articulées, si artistement faites qu'elles étaient impénétrables à la pointe d'une épée tout en laissant au bras la plus grande liberté. Les ailerons ne sont plus alors qu'un vain ornement et parfois même ils disparaissent entièrement, ou, indépendants de la cubitière, s'y rattachent par une clavette tournant dans un œillet.

Les cubitières ne sont pas toujours symétriques. Les cubitières n'étaient pas toujours symétriques. Dans les armures à deux fins, c'est-à-dire dans

les armures de guerre que l'on transformait en
armures de joûte par l'adjonction de quelques pièces,
la cubitière de gauche était alors plus développée,
plus épaisse et portait au centre un écrou qui servait
à fixer le *grand garde-bras*. C'est principalement
dans les armures maximiliennes et dans celles du
XVᵉ siècle que les cubitières atteignent le plus grand
développement. Au XVᵉ siècle, il était normal que
la cubitière gauche eût « un pié » de diamètre. Au
lieu d'être ronds comme au XVIᵉ siècle, les ailerons
sont souvent à arêtes vives et découpés sur les bords
en pointes plus ou moins aiguës : on dirait presque
d'un petit bouclier.

Brassards en forme de mauches du costume civil. On connaît de très-rares exemples d'armures dont
les avant-bras rappellent par des bouffants ou des
crevés la forme de la manche du costume civil.
Le musée de Vienne et la collection de l'Empereur
en conservent chacun une, des premières années
du XVIᵉ siècle.

Brassard en treillage. Citons encore, à l'appui des nombreuses anoma-
lies qui se rencontrent dans l'étude de la panoplie
et que l'on peut considérer comme l'exception qui
confirme la règle, l'armure G. 21 du musée d'Artillerie dont le brassard d'avant-bras, toujours plein
d'ordinaire, est remplacé par un treillage en fer.

LES GANTELETS. Trois pièces forment le gantelet, le *canon* ou *revers*,
d'une seule pièce, c'est la partie qui entoure le
poignet et recouvre l'extrémité du brassard d'avant-
bras, à proprement parler la manchette; puis le
dessus de la main formé de plusieurs lames mobiles,
à recouvrement, extrêmement flexibles, toujours
remarquablement faites; enfin les doigts sur les-

quels on compte jusqu'à quinze écailles pour chaque doigt. Toutes ces pièces sont cousues sur un
gant en peau d'élan.

Les *gantelets à mitons* se distinguaient des autres parce que les doigts n'étaient pas détachés : les
grandes lames du dessus de la main se prolongeaient jusqu'au bout des doigts, le pouce seul
était détaché. Usités dès le milieu du XVᵉ siècle,
les mitons disparurent, à de très-rares exceptions
près, vers le milieu du XVIᵉ siècle. A qui voulait se
servir du pistolet ou de l'arquebuse leur emploi était
impossible. Avec ces gantelets, pour assurer d'une
manière inflexible l'épée dans la main, quelquefois
la lame qui couvrait la dernière phalange des doigts
se prolongeait et venait s'agraffer au poignet quand
la main était fermée. — Les lames des mitons imitent quelquefois la forme des doigts et reproduisent
même les ongles. — Les grands gantelets des armures
de fantassins ou de reîtres prolongeaient leur revers
jusqu'au coude et tenaient lieu de brassards d'avant-
bras.

Avec les *rondelles de plastron* et les *braguettes*,
nous en aurons fini avec tout ce qui concerne l'armement du buste. La rondelle est une pièce qu'il est
très-rare de rencontrer dans les collections, du moins
encore attachée aux armures auxquelles elle appartenait. — Presque toutes les armures en sont privées ;
cela s'explique, car les rondelles de plastron, indépendantes de l'épaulière droite, s'y rattachaient par deux
lanières passant dans deux œillets ménagés dans
ce but à l'une des lames de cette épaulière. La belle
armure du connétable de Montmorency (musée d'Ar-

tillerie, G, 73) porte encore la sienne, mais c'est une remarquable exception. a ns toutes les armures, et elles sont les plus communes ainsi, où l'on ne voit pas à l'épaulière les deux œillets précités, c'est que pour le cavalier la défense de l'aisselle était fournie par un gousset de mailles et complétée par la rondelle de la lance quand la lance était couchée sur le faucre ; dans les armures de gens de pied, c'est qu'il n'existait que le gousset de mailles. Au moyen de ses lanières la rondelle de plastron se relevait quand on se servait de la lance et on l'allongeait quand on ne combattait plus qu'avec l'épée. Dans les armures de tournoi, la rondelle prend les proportions d'un petit bouclier. La rondelle était toujours terminée en pointe au centre et garnie de clous de fer ou de cuivre, toujours ronde, bordée d'un filet ou d'une torsade.

LA
BRAGUETTE.

Particulière aux armures de gens de pied, surtout en Allemagne, pendant les 60 premières années du XVIᵉ siècle, et aux armures, très-rares, pour combattre à pied dans les pas d'armes, les combats à la barrière ou en champ clos, la braguette est la

Comment
on l'attache

moitié d'une circonférence, elle abrite les parties ; elle se place donc entre les cuissards et s'attache à la dernière lame de la braconnière par un pivot à clavette entrant dans un œillet.

LES
CUISSARDS.

L'armure des jambes consiste dans les *cuissards*, les *genouillères*, les *grèves* et les *pédieux* ou *solerets*. Le cuissard, toujours terminé par la genouillère,

Diverses
formes
des cuissards.

recouvre la jambe depuis le haut de la cuisse jusqu'au-dessous du genou. D'une seule pièce au commencement du XV⁰ siècle, depuis la fin du XV⁰ jusqu'à la fin du XVI⁰ siècle il porte à la partie supérieure deux lames articulées dont la dernière, arrondie, venait toucher le bas-ventre du cavalier quand il était en selle. Il n'était entièrement fermé que dans les armures pour combattre à pied. Dans les armures de cavalier il laisse seulement à découvert la partie qui touche les flancs du cheval, c'est-à-dire l'intérieur de la cuisse. Il se fixe autour de la cuisse et autour du genou par deux courroies à boucles. Sous Henri II et Henri III la dernière lame porte une garniture de cuir percée d'œillets métalliques qui servaient à recevoir les lacets destinés à rattacher les cuissards à une ceinture que le cavalier portait sur son vêtement de dessous. Dans les armures de cette époque le cuissard est divisé, au milieu de la cuisse, en deux parties réunies par des boutons entrant dans des coulisses à queue. On peut alors le raccourcir ou le rallonger selon que l'on veut s'armer pour la joûte ou pour la guerre. Le cuissard suit d'ailleurs généralement la forme des tassettes ; sont-elles plus longues, ils sont plus courts, et réciproquement.

Comment les cuissards étaient attachés.

A la fin du règne de Henri II on apporta dans cette partie de l'armure une modification considérable. Le cuissard devint articulé, composé entièrement de lames transversales à recouvrement, comme celles des tassettes et de la braconnière. C'était encore l'exception. Sous Henri III, lorsqu'il était encore à l'ancienne mode, le cuissard était très-court, quoique les tassettes fussent très-courtes et très-évasées : c'était pour laisser la place des bouffants du

Transformation des cuissards à la fin du règne de Henri II. Les cuissards articulés.

3

Les grands cuissards prennent naissance sous Henri IV. Comment ils se rattachent au plastron, et comment ils peuvent être divisés, allongés ou raccourcis. haut de chausses. Sous Henri IV l'usage du *grand cuissard*, articulé, comme nous venons de le décrire, fut généralement adopté, à l'exclusion de l'ancien. Il est alors presque plat, très-large, et ne protége plus guère que la partie antérieure de la cuisse. Les tassettes, devenues inutiles, disparaissent et le grand cuissard se rattache à la braconnière ou directement au corps de la cuirasse par des courroies à boucles, par des crochets ou par des écrous à vis. Dans ces conditions, il se divise par le milieu, très-fréquemment, quand l'on veut combattre à pied, et la partie inférieure étant enlevée avec la genouillère, il ne reste plus que deux tassettes. Cet usage se maintint sans interruption jusqu'au règne de Louis IV, jusqu'à l'époque où l'armure disparut.

Les genouillères et leurs ailerons; leurs transformations. La genouillère n'est autre chose que la cubitière appliquée au genou ; elle emboîte le genou, elle est pourvue de deux ou quatre lames mobiles, à recouvrement, en dessus et en dessous, pour la flexion du genou, et d'un aileron qui garantit l'extérieur du genou, et dont les proportions sont en rapport avec celles des ailerons des cubitières. Très-développés au XVe et au XVIe siècles, les ailerons vont toujours en s'amoindrissant jusqu'au règne de Louis XIII. Ce que la maille protégeait à la cubitière, sous Henri III, Henri IV et Louis XIII, était protégé à la genouillère par la grosse botte en cuir. La genouillère était parfois divisée, dans le milieu, par une torsade ou un filet perpendiculaire. Dans les armures à bandes gravées, l'aileron de la genouillère est souvent entièrement gravé.

LES GRÈVES. C'est un cylindre d'acier qui emprisonne la jambe depuis le dessous du genou jusqu'à la cheville. Il se composait de deux parties, antérieure et postérieure, reliées d'un côté par des charnières autour desquelles elles tournent, de l'autre par des crochets, des boutons à œillets ou des courroies. On porta encore la grève avec le cuissard articulé, mais on cessa de la porter à partir de Henri IV, quand le cuissard articulé fut devenu le véritable grand cuissard. La grève était rattachée à la genouillère, au XVe et pendant une grande partie du XVIe siècle, par des boutons à œillets ; à la fin du XVIe siècle, par un pivot. Il faut remarquer la disposition exceptionnelle de l'armure du connétable de Montmorency (musée d'artillerie, G. 73), dont les grèves sont indépendantes des genouillères et s'attachent aux jambes par des courroies. Dans les derniers temps de l'armure de pied en cap, sous Charles IX et Henri III, il arrive quelquefois que les grèves ne se rejoignent pas dans l'intérieur de la jambe ; notre collection en offre trois exemples ; ou bien, mais bien plus rarement, que la partie postérieure ne joint pas la partie antérieure. Dans l'un et l'autre cas, elles se ferment par des courroies à boucles. C'est à la même époque que l'on remarque surtout les grèves coupées carrément à la cheville, bordées d'un filet en torsade, et sans solerets.

Il faut remarquer que, même dans les armures cannelées, alors même que les solerets reproduisaient les cannelures des autres pièces, les grèves étaient toujours tout unies.

LES PÉDIEUX ou SOLERETS. La forme des pédieux a varié beaucoup, et suivi toutes les vicissitudes des modes civiles. A la poulaine sous Charles VI et Charles VII, très-larges et carrés du bout sous Louis XII et François Ier, ils sont en *becs de cane* depuis Henri II jusqu'à Henri IV. Les solerets ou pédieux avaient donc exactement la forme d'un soulier. Ils se composaient de lames articulées et à recouvrement depuis le bas de la grève jusqu'aux doigts du pied, d'une partie pleine qui recouvre les doigts, d'une semelle en cuir et quelquefois en lames articulées, et d'une partie pleine qui entoure le talon et s'ouvre sur charnière. Dans la plupart des armures où le soleret ne fait qu'un avec la grève, cette dernière pièce est fournie par la grève elle-même, et il en est le plus souvent ainsi : les solerets indépendants des grèves se rencontrent rarement. L'usage semble avoir prévalu, à toutes les époques, de les rattacher directement aux grèves. Sur les 124 armures composant les collections du Musée d'artillerie, on n'en compte que 8 à solerets détachés. Dans la collection de l'Empereur, il n'y en a que 1 sur 40, dans notre collection 4 sur 36. Quand le soleret était indépendant, il était souvent en cuir recouvert de mailles. On bouclait la courroie de l'éperon par-dessus. On en voit ainsi dans le Musée d'artillerie à Vienne, et notamment à la splendide armure de Farnèse, duc de Parme, de la fin du XVIe siècle. Quand ils étaient tout en fer, l'éperon était rivé au talon. Il y en avait aussi où le talon et l'extrémité étaient pleines, et la partie articulée remplacée par une pièce en mailles, comme à la belle armure italienne de la fin du XVIe siècle, n° 18, de la collection de l'Empereur.

Dans les solerets à la poulaine, la longue pointe

Divisions
des pédieux.

Pédieux
indépendants
des grèves.

Pédieux
à poulaines.

à laquelle on donnait ce nom se relevait ou se détachait quand le cavalier mettait pied à terre : elle adhérait au soleret par une simple clavette, ainsi qu'on le voit dans les types très-rares conservés au Musée de Vienne, au Musée d'artillerie, dans les collections de l'Empereur et du comte de Nieuwerkerke. A cheval, la poulaine retombait par son propre poids et décrivait avec le pied un quart de cercle. Rien n'était plus gracieux, mais rien aussi ne devait être plus incommode. Un chevalier démonté et que l'on ne pouvait aider

Pédieux carrés et en bec de cane. à détacher ses poulaines, devait être réduit à une immobilité absolue. Le soleret de l'époque de Louis XII et de François Ier, beaucoup plus pratique, se distingue par sa forme évasée, exagérée et taillée carrément à l'extrémité. La forme la plus normale, celle dite en *bec de cane,* qui régna sans interruption depuis Henri II jusqu'à la disparition des grèves sous Henri IV, répond absolument à celle de nos chaussures modernes.

LES ÉPERONS. Ils étaient forcément d'une dimension exagérée. La longueur de leur tige s'explique par la difficulté que le cavalier avait, à cause des flançois de fer, à approcher les talons du ventre de son cheval. Les molettes étaient composées de cinq ou six pointes seulement, très-espacées et très-longues. Quelquefois rivés au talon, ils se mettaient le plus souvent avec des courroies, comme nos éperons dits à la chevalière.

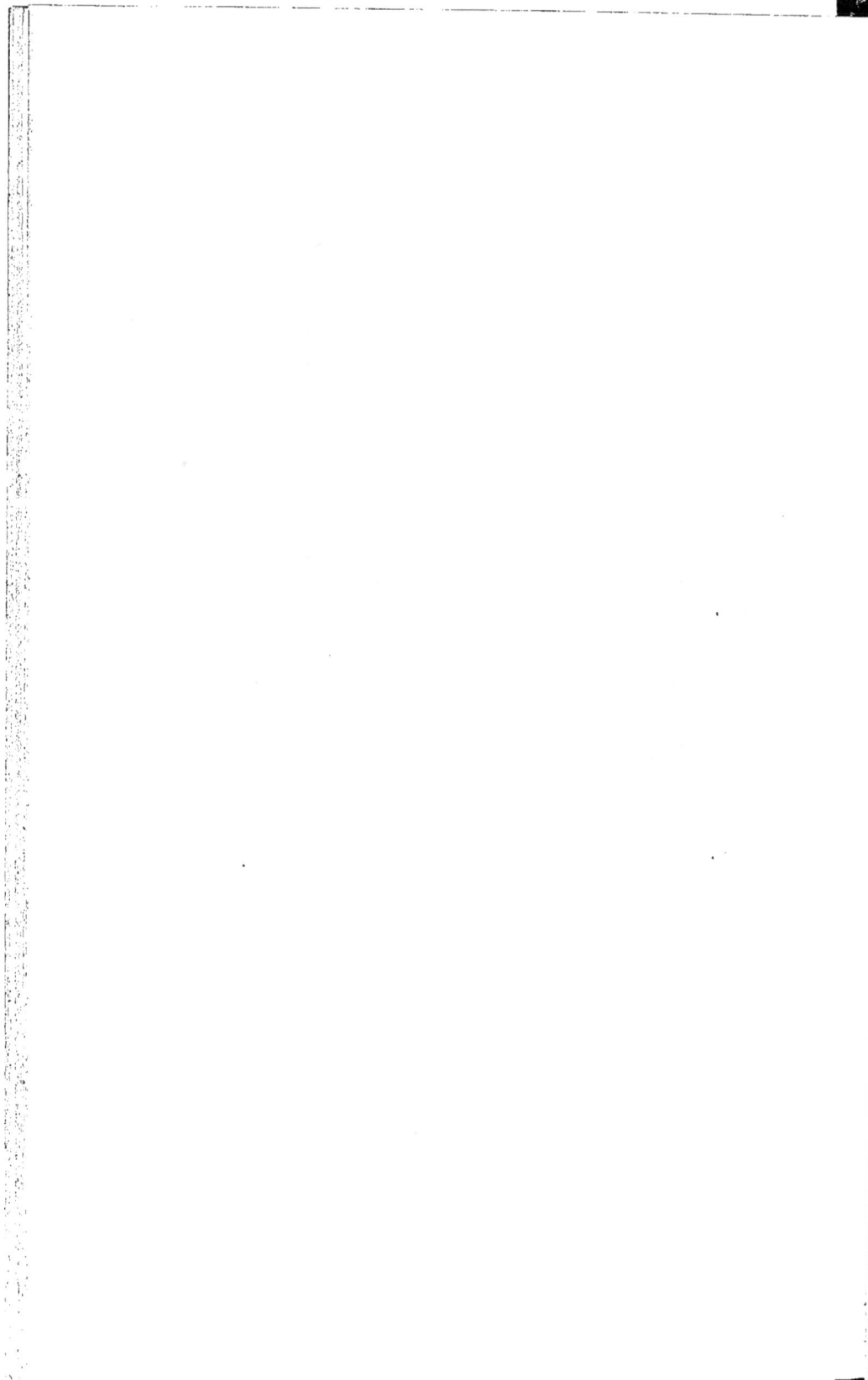

CHAPITRE II.

***

ARMURES DE JOUTE ET DE TOURNOI.

***

De tous les peuples de l'Europe, le peuple allemand a été celui que ses goûts ont le plus entraîné vers les jeux chevaleresques connus sous le nom de joûtes et de tournois. Il en avait fait une science et y apporta des perfectionnements et des recherches que l'on n'a rencontrés nulle part ailleurs. C'est tout au plus si les Français lui ont fait, à ce sujet, quelques emprunts temporaires. C'est donc aux Allemands que l'on est redevable de l'invention de ces armures de tournoi et de joûte, si étranges d'aspect, qui faisaient du joûteur une masse informe, une sorte de monstre impotent, mais si bien à l'abri même d'une contusion. L'Allemagne voulait bien du plaisir, pourvu qu'il ne

Les Allemands ont inventé les armures de joûte et de tournoi.

s'achetât pas au prix de la moindre souffrance. Ce que l'on remarque pour les armures de joûte peut s'appliquer aussi bien aux armures de guerre : l'utile avant l'agréable. Aussi n'est-ce pas chez eux, mais chez nous, mais en Italie qu'il faut aller chercher ces belles armures de joûte et de guerre, reproduction exacte, enveloppe du corps humain qu'elles paraient en en reproduisant toutes les proportions, tous les détails. C'est à l'Italie que nos armuriers demandèrent des modèles : c'est en Italie que nos grands seigneurs allaient se fournir d'armures, où elles étaient mieux faites et moins chères. La réputation des fabriques d'armes de ce pays était déjà établie au XIV⁰ siècle. En 1316, l'inventaire des armes de Louis-le-Hutin mentionne « un haubert entier de Lombardie et deux autres haubergeons de Lombardie ». Au XV⁰ siècle, les armuriers de Milan font déjà preuve d'une supériorité qui leur assura une vogue européenne pendant près de deux siècles. En 1446, Philippe de Ternant joutait dans un tournoi contre Galiot de Baltazin, gentilhomme italien, qui portait une « armure blanche de Milan »; le seigneur de Ternant commença « à le quérir à la pointe de l'épée par le dessous de l'armet tirant à la gorge, sous les esselles, à l'entour du croissant de la cuirasse, par dessous la saignée du bras, à la main de la bride, et partout le trouva si bien armé que nulle blessure n'en advint. » Olivier de la Marche, dans la chronique duquel ce fait est relaté, prouve que cette circonstance fut très-remarquée par la noble assistance et comme un fait auquel on n'était pas habitué avec les armures françaises. En 1446, il

C'est en Italie que o fabriquait plus belles armures.

Supériorité des armures de Milan sur toutes les autres

est constaté par un écrivain anonyme dont nous
avons publié le travail en 1866, que les brassards
et les harnais de jambes faits à Milan étaient
plus communément usités et plus estimés que ceux
fabriqués en France. Brantôme, dans la vie de
Strozzi, raconte que ce vaillant homme de guerre
aimait par dessus tout les armes fabriquées à Milan,
qu'il ne mettait rien au-dessus des armures et des
morions gravés et des arquebuses de Milan. Pour
les morions, Strozzi trouvait que les armuriers
français ne « les vuidaient pas si bien et leur faisaient la crète par trop haute. » Il voulut en armer
les compagnies de l'infanterie dont il était colonel-
général, et fit venir de Milan des morions gravés
et dorés « d'or moulu » qui coûtaient 24 écus la
pièce. Le prix ayant été jugé excessif, on les acheta
par la suite gravés en blanc et on les faisait dorer
à Paris. Par ce moyen ils ne coûtaient plus que
8 à 9 écus chaque. Il n'y a donc pas lieu de s'éton-
ner de la quantité d'armes défensives gravées et
dorées que nous a léguées le XVIᵉ siècle, puisque ces armes étaient à l'usage des simples soldats.
A une revue de quarante mille gens de pied, passée à Troyes, on comptait dix mille soldats armés
de morions gravés et dorés. Et depuis, ajoute
Brantôme, ils sont devenus encore plus communs,
sans compter « force beaux corcelets gravés et *bien
complets* » c'est-à-dire des armures que l'on a fait
venir de Milan. La supériorité de l'Italie se mon-
trait aussi pour la fabrication des armes à feu.
Quoique les fabriques de Metz et d'Abbeville, pour
les arquebuses et pistolets, et celle de Blangy-sur-
Bresle pour les « furniments » (cartouchières, ban-

derolles) fussent réputées les meilleures, elles n'approchaient pourtant pas de celles de Milan. Pise avait aussi une fabrique d'armures à laquelle on se fournissait beaucoup, car on retrouve sa marque sur nombre de pièces des collections publiques et particulières.

On nous pardonnera cette digression qui avait son utilité, en prouvant que pour la fabrication des armures et pour leur emploi, ce ne fut jamais en Allemagne que la France alla chercher des modèles.

L'armure de joûte est inventée en Allemagne au XVᵉ siècle. On peut affirmer que c'est au XVᵉ siècle, et en Allemagne que fut inventée l'armure spéciale à la joûte. Jusqu'alors on ne s'était servi, pour ces exercices, que de l'armure de guerre ; ou, du moins, si l'on en fit usage d'autres, il n'en reste aucun vestige, car on ne peut admettre comme provenant d'armures de tournoi les quelques casques du XIIIᵉ et du XIVᵉ siècles, que possède le Musée d'artillerie, et qui proviennent tout simplement de la décoration de tombeaux profanés en Angleterre.

L'armure de guerre sert en France pour la joûte. Malgré l'exemple des Allemands, nos aïeux, au XVᵉ siècle, paraissaient se servir plus volontiers pour joûter de leurs armures de guerre que des si lourdes et embarrassantes carapaces allemandes. Dans un tournoi où figure Jacques de Lalain, en 1446, un joûteur avait mis « un leger harnoys de guerre » et son armure fut tellement brisée des coups que Lalain lui porta, qu'il fut en danger de perdre la vie. Un écrivain du milieu du XVᵉ siècle, dont nous avons publié le curieux traité en 1866, reconnaît qu'en France, à cette époque, on se servait

pour la joûte, des jambières de l'armure de guerre. Le
roi René dit de même dans son traité des tournois,
« les harnois de jambes sont ainsi et de semblable
façon comme on les porte à la guerre, fors que les
plus petites gardes sont les meilleures », c'est-à-dire
que les ailerons des genouillères et des cubitières,
qui dans les armures de guerre étaient très-développés, le sont moins dans les armures de joûte.
Pourtant, en 1446, à son pas d'armes contre Jean
de Bonifacio, Jacques de Lalain parut avec trois
rondelles sur son armure, « l'une sur la main,
l'autre sur le coude du bras de la bride et l'autre tenant au grand garde-bras en manière d'écu. » —
C'était une originalité, une sorte de défi à l'adresse
de l'Italien à manier la lance, en lui offrant trois points
de mire que l'usage n'admettait pas. Bonifacio portait,
lui, une armure de guerre. Voici donc une joûte dans
laquelle combattent deux grands seigneurs, à laquelle
assiste la fleur de la chevalerie, les élégants de l'époque, où tout doit donc être conforme aux lois de la
mode la plus nouvelle, et les deux adversaires sont
en armures de guerre. Ceci nous paraît assez con-
cluant. Le même Jacques de Lalain figurait ordinairement dans les tournois, et notamment en
1449, avec « une petite salade ronde et avait la visière couverte, et armé d'un petit hausse-col de
mailles d'acier. » La Marche cite ailleurs un gentilhomme qui, dans une joûte, s'était montré avec
« une salade de guerre et un hausse-col de mailles. »
Il dit encore qu'il n'était pas rare de voir dans les
tournois des chevaliers faire déclouer la visière de
leurs bassinets et de leurs salades, et qu'ils prenaient
aussitôt de grandes bavières : « étoit armé d'un armet

à la façon d'Italie et de la grande bavière » et
« avoit un chapel de fer et une haute bavière, tellement que de son viaire (visage) il n'apparoissoit que
les yeux ». Au pas d'armes de la Fontaine de Pleurs,
en 1449, Gérard de Roussillon avait « un harnois
de tête en forme d'un chapel de fer, » autrement dit
chapeau de Montauban, coiffure de guerre.

Nous pourrions multiplier à l'infini les exemples,
mais cela nous entraînerait bien au-delà des bor-
nes d'une simple notice. Il est donc arrivé qu'en
France, au XVᵉ siècle, on se servait pour la joûte
et le tournoi de l'armure de guerre. Si l'on s'est
servi de l'armure spéciale, inventée en Allemagne
et en usage pendant presque deux siècles dans ce
pays, ce fut par exception. Nous parlerons plus loin
de cette armure si bizarre, dont le musée d'Artillerie, la collection de l'Empereur et celle du comte
de Nieuwerkerke fournissent neuf magnifiques
spécimen. Poursuivons d'abord notre démonstration.

**Armures
de guerre
modifiées
pour la joûte.** A l'armure de guerre, pour la joûte, on appor-
tait quelques modifications : cela résulte, pour le
XVᵉ siècle, des textes que nous venons de citer;
pour le XVIᵉ siècle, cela résulte des armures ori-
ginales conservées dans les collections. Au XVIᵉ siècle donc, en France, aussi bien qu'au XVᵉ et plus
sûrement encore, l'armure de guerre subissait une
transformation pour la joûte. Les grands personnages, seuls, pouvaient se permettre le luxe d'une
armure spécialement destinée à la joûte, et qui pré-
sentait fixées à demeure les pièces qu'il fallait monter et démonter sur l'armure de guerre. Notre collection en offre un exemple, unique peut-être, dans
les deux armures de guerre et de joûte, Nᵘˢ 12 et

13 du catalogue, qui ont appartenu au même personnage, tandis que la belle armure N° 10 de notre cabinet d'armes est un modèle accompli de l'armure à deux fins, pour la guerre et pour la joûte, de l'armure se transformant. Cette transformation consistait dans l'adjonction de pièces de renfort; l'ensemble de ces pièces s'appelait *le haut appareil.*

Les pièces de renfort et le haut-appareil.

La haute pièce ou pièce volante servait à protéger le casque et par conséquent la tête du joûteur. Dans l'armure faite expressément pour la joûte, l'armet n'avait pas de mézail, ni de gorgerin, ni de mentonnière. Ils étaient remplacés par la *pièce volante,* qui en affectait exactement la forme et les dimensions, mais qui s'appliquait au sommet du plastron et à l'armet lui-même au moyen de vis et d'écrous: le timbre lui-même, sans articulation, était également vissé à la partie supérieure de la dossière. La vue était très-étroite, et une petite porte pratiquée à droite du mézail donnait l'air nécessaire à la respiration. Quand ces pièces étaient en place, la tête du joûteur se trouvait forcément inclinée en avant, dans la position voulue pour bien ajuster sa lance. Il ne pouvait la relever, et tant qu'il était armé, il était forcé de rester ainsi. On conçoit quelle fatigue et quelle gêne il en devait résulter. La pièce volante s'emboîte donc exactement devant le casque, reproduisant exactement la forme du mézail et de la mentonnière, comme si l'armet était à bourrelet; elle couvre tout le haut du plastron, sur lequel elle est coupée carrément, et se relève sur l'épaule droite. Deux écrous à vis, placés à droite, la maintiennent immobile, et un autre écrou à vis la relie au timbre du casque.

La haute-pièce ou pièce volante.

Le
grand placard
de gauche.

Le grand placard de gauche était maintenu par des écrous et des vis par dessus la pièce volante. Il emboîtait la partie gauche du cou, couvrait entièrement l'épaulière et le brassard d'arrière-bras à gauche et toute la moitié gauche du plastron jusqu'à la ceinture. Il nécessitait naturellement l'emploi d'une épaulière très-étroite, semblable à celle des armures des gens de pied.

Le grand
garde-bras.

Le grand garde-bras, d'une dimension et d'une épaisseur considérables, n'était qu'une seconde cubitière maintenue sur la première par un écrou à vis; il couvrait le bras entre le bord du grand placard et celui du grand miton, en les dépassant tous deux.

Le
grand miton.

Le grand miton remplaçait le gantelet et le canon ou brassard d'avant-bras du côté gauche. Le canon et le gantelet ne font qu'une seule pièce; une seule articulation permettait de plier la main pour tenir la bride du cheval. Ce grand miton était rattaché au brassard d'arrière-bras par une courroie qui, tendue au moment de jouter, maintenait le bras gauche plié.

Voici ce qu'on appelle *le haut appareil*, ce qui servit en France, au XVIe siècle, et même dans la jeunesse de Louis XIII, à constituer l'armure de joûte.

Le manteau
d'armes.

A l'époque de Charles IX et de Henri III, *le manteau d'armes*, très-fréquemment usité, apporta quelques modifications à l'armement que l'on voulut rétablir sous Louis XIII, tel que nous venons de le décrire. Le manteau d'armes était une pièce carrée, de forme concave, qui recouvrait l'épaulière gauche, et toute la moitié gauche supérieure du plastron en s'échancrant autour du cou. Il se relevait dans le bas pour permettre au bras gauche de venir s'appuyer contre la ceinture ; il était fixé par dessus la pièce volante par deux écrous à vis placés à côté de ceux qui maintenaient la pièce volante ; c'est pourquoi l'on remarque, dans les armures de guerre pouvant se transformer en armure de joûte, à cette époque, quatre trous taraudés au sommet du plastron et un trou taraudé au centre de l'aileron de la cubitière de gauche, pour recevoir le grand garde-bras ou double cubitière. Dans ces armures se transformant à volonté, on conservait l'armet de guerre avec sa visière et il restait indépendant de la pièce volante. Avec le manteau d'armes enfin, on conservait les brassards et les gantelets de guerre ordinaires. On conservait aussi les tassettes, tandis que dans les armures spécialement faites pour joûter, elles étaient ou d'un seul morceau, ou en deux lames seulement, très-épaisses et très-courtes.

Le manteau d'armes simplifie l'armure de joûte.

Telles sont les deux seules espèces d'armures usitées en France pour la joûte ou le tournoi pendant tout le XVIᵉ et les premières années du XVIIᵉ siècle. Notre cabinet d'armes contient un beau spécimen de chacune de ces armures, l'armure à manteau d'armes, faite spécialement pour la joûte, l'armure de guerre se transformant à volonté, et enfin l'armure avec le grand placard. La collection de l'Empereur en possède également trois beaux types, exactement semblables ; ce sont bien là des armures françaises, unies, élégantes, relevées seulement par quelques clous de cuivre.

L'armure pour combattre à pied dans les pas d'armes et les champs-clos.

Nous avons déterminé, d'une manière précise, l'armure pour le tournoi et la joûte à cheval. Il nous reste à parler de celle pour combattre à pied, dans les pas d'armes, les combats à la barrière et les champs

clos. Cette sorte d'armure était d'une excessive rareté :
on n'en connaît que fort peu de types : le musée
d'Artillerie en réunit trois qui sont des chefs-
d'œuvre comme richesse et comme beauté du travail. Toutes trois appartiennent aux vingt premières
années du XVIᵉ siècle, l'une même porte la date
1515 au poignet et à la face interne du gantelet de la
main droite. Leur forme se rapproche du costume
civil de l'époque ; les bandes gravées dont elles sont
ornées présentent une imitation de ces crevés qui
en sont un des caractères ; elles sont hermétique-
ment fermées, et toutes les articulations, aux aisselles, aux saignées et aux jarrets, sont défendues
par un système très-remarquable de lames mobiles
glissant à frottement doux les unes sur les autres
et du travail le plus parfait. Les casques sont à
bourrelet, à mézail d'une seule pièce entièrement à
jour, de telle sorte qu'il était inutile de le relever
pour respirer ; l'un d'eux est même assez grand pour
qu'on puisse remuer la tête dans l'intérieur du
timbre. Les braconnières sont fermées par devant par

La hoguine. quatre crochets ; elles sont reliées à *la hoguine*, pièce
articulée qui emboîte et recouvre les fesses et en
reproduit la forme. Les armures de ce genre sont,
avons-nous dit, d'une grande rareté et elles devaient coûter un prix excessivement élevé.

L'armure
à tonne. L'armure dite *à tonne* est une autre variété pour
combattre à pied, mais un peu plus moderne. Les
deux types que possède le musée d'Artillerie, appartiennent à l'époque de Henri II ou même de Henri III,
vu la forme pointue du plastron. Elles ne diffè-
rent de l'armure de guerre que par les détails sui-
vants : les épaulières sont grandes, arrondies et sy-

métriques. Le casque est à bourrelet. Il n'y a pas de faucre ; l'aisselle est protégée, comme à l'époque de Louis XIII, par des lames articulées, et les ailerons des cubitières sont d'une extrême petitesse. *La tonne,* ou grande braconnière, est un jupon fait de sept grandes lames articulées, s'évasant par le bas en forme de cloche et descendant jusqu'au milieu des cuisses. Cela donne à ces armures un aspect original et une certaine élégance, d'autant plus qu'elles sont ornées de gravures très-fines. Les jarrets sont protégés par des lames mobiles et à recouvrement, mais le haut de la cuisse par derrière est à découvert. — L'autre armure ne diffère de celle-ci que par la dimension exagérée du casque, qui n'a pas de gorgerin articulé, et qui se trouve lié par deux écrous à la cuirasse devant et derrière ; mais il est si vaste que l'on peut faire mouvoir la tête dans l'intérieur en tous sens. Notre collection possède un casque analogue à celui-ci, dont la visière à soufflet, d'une seule pièce, est criblée d'ouvertures de toutes les formes ; il est à bandes richement gravées et dorées.

Grande élégance des armures pour combattre à pied. Il semble que l'on épuisa sur ce type d'armures, pour combattre à pied, toutes les recherches de l'élégance et de la galanterie française, tandis que dans celles pour la joûte à cheval on était très-sobre d'ornementation, même à l'époque de Henri II et de Henri III, autrement dit à l'époque de la suprême élégance, de la plus grande richesse dans les ajustements. C'est un détail remarquable qu'il est bon de constater en passant. Ainsi, toutes les armures de joûte et de tournoi que nous connaissons sont toutes blanches, unies. Nous ne connaissons que cinq armures pour combattre à pied, et elles sont toutes couvertes de gravures et d'ornements très-riches et du meilleur goût. Deux d'entre elles portent en outre des devises : sur celle datée de 1515 on lit les mots *semper suave* sur le casque, le plastron, la dossière et les ailerons des genouillères. Sur l'armure à tonne dont nous avons parlé en dernier lieu, on remarque sur le plastron, sur les lames de la tonne les devises : *Soli Deo honor et gloria*, et *spes mea Deus* et sur le côté droit de la crête du casque la devise française : *Amour ne peut où rigueur veult*.

Armures de carrousel du XVIIe sièc'e.

Sous Louis XIII, dans les carrousels, on se servait aussi d'armures; mais on employait les armures de guerre ou des armures absolument analogues mais beaucoup plus légères, et en cuivre doré, comme celle qui porte le N° G 101 au Musée d'artillerie. Encore celie-ci est-elle allemande et provient-elle de l'arsenal de Hanovre où elle était attribuée au prince Ernest-Auguste de Brunswick.

Armures allemandes de joûte usitées depuis le milieu du XVe siècle jusqu'à la fin du XVIe siècle.

Il faut enfin, pour que cette notice soit complète, parler de l'armure de joûte allemande qui a pu servir en France, ainsi que le constate l'écrivain anonyme déjà cité, dans son travail fait en 1446, mais qui assurément n'y a servi qu'au XVe siècle et exceptionnellement. La collection de l'Empereur en possède quatre types de toute beauté, le Musée d'artillerie quatre, la collection du comte de Nieuwerkerke un. C'est donc d'après les modèles originaux et de l'authenticité la moins contestable que nous allons décrire ces fameux harnais, si renommés en Allemagne où l'ère des jeux chevaleresques ne fut qu'un long carnaval. Nos joûteurs français aimaient mieux se faire tuer sous de légères armures et souvent le visage à découvert, que de s'affubler de ces ajustements extravagants, comme l'Allemand. Pour eux, le tournoi était encore une image des combats : pour l'Allemand ce n'était qu'une kermesse.

La France a été la terre classique de la chevalerie : c'est là qu'elle est née, qu'elle a vécu, qu'elle est morte. L'Allemagne n'a jamais été que la patrie des soudards et des reitres. Elle n'a pas fait un seul pas en avant depuis ce temps.

Pour avoir une idée du joûteur revêtu de la singulière armure dont nous allons parler, il faut se reporter à l'ouvrage publié en 1506 sous le titre de *Chars de Triomphe de l'Empereur Maximilien*.

Description du heaume. Le heaume se compose : 1° du timbre très-légèrement cintré ; 2° du mézail qui a, par rapport au timbre, une saillie de $0^{m\cdot}06$ à $0^{m\cdot}07^{c\cdot}$, il tient lieu de gorgerin et de colletin : la fente réservée pour la vue n'a pas moins de $0^{m\cdot}02^{c\cdot}1/2$ de largeur. Le mézail est posé sur le timbre et le dépasse des deux côtés de $0^{m\cdot}04^{c\cdot}$ environ. C'est sur cet excédant, destiné à consolider la jonction des deux pièces, que sont placés les clous ou rivets qui les attachent l'une à l'autre. Ces rivets sont tantôt arrondis, tantôt limés au niveau du fer. Le mézail, partagé par une vive arête, descend tout d'une venue jusqu'aux épaules, à $0^{m\cdot}08^{c\cdot}$ en avant du cou ; 3° le couvre-nuque, qui, à l'inverse du mézail, est recouvert par le bord du timbre : il part de l'oreille, descend sur le collet en se rétrécissant, en emboîtant la forme de la tête et du cou, mais toujours à $0^{m\cdot}06^{c\cdot}$ des parties qu'il est destiné à couvrir. A la naissance du cou il se développe en s'élargis-

sant et garnit les deux épaules sur une hauteur
de 0^m· 06^c· environ. Cette pièce était la seule que
l'on pût faire et que l'on fît aussi légère que possible. Le heaume reposait donc sur les épaules: il
était maintenu sur la poitrine et sur le dos par
deux boucles ou par des écrous et des vis. Son
poids excessif obligeait à laisser d'autant plus de
latitude à la respiration qu'il n'était pas facile de
s'en débarrasser à cause des écrous, et que l'on
n'avait pas la ressource de lever la visière. On
tournait cette difficulté par la largeur de la vue
et par des ouvertures très-longues en forme de
cœurs, de carrés, de lozanges, à la hauteur et le
long de la joue droite. Les proportions exagérées
du heaume, par rapport au reste de l'armure,
avaient pour but d'éviter les contusions. On laissait
partout 0^m· 06^c· d'intervalle entre lui et la tête, sans
compter que l'on n'y adaptait aucune garniture
intérieure. Fait de trois pièces rivées ensemble,
il devait donc être assez large au cou pour que
la tête pût y passer, et pourtant il y avait à la
naissance du cou 0^m· 08^c· de largeur de moins qu'aux
yeux. On peut juger par là de ses proportions
vraiment colossales.

La cuirasse,
la braconnière
et
les tassettes.

Avec ce heaume il n'était pas besoin de colletin.
La cuirasse avait la même forme que celle de l'armure de guerre, mais sans pansière véritable ou
simulée ; elle était d'une seule pièce et tout unie.
La braconnière était de plusieurs lames articulées, et les tassettes d'un seul morceau et en tuile,
ou bien très-courtes, articulées et continuant pour
ainsi dire la braconnière. La cuirasse porte un fau-

cre qui la dépasse de beaucoup en avant et en arrière : c'est, à proprement parler, une longue rainure de fer terminée par deux demi-cercles en sens contraire, de telle sorte que la lance pouvait rester horizontale sans qu'on la tînt. Les épaulières et les brassards d'arrière-bras, courts et articulés, étaient analogues à ceux de l'armure de guerre. Le brassard d'avant-bras est remplacé par un miton d'un seul morceau qui rejoint la cubitière : ce miton était indépendant du brassard d'arrière-bras, et quand il se reposait, le joûteur le laissait tomber : il avait alors l'avant-bras et la main entièrement désarmés. Une courroie rattachant le miton à la cuirasse l'empêchait de tomber à terre. Le brassard d'avant-bras droit s'appelait *l'épaule de mouton*, parce qu'à la hauteur de la saignée il se développait en forme d'éventail, et ne donnait alors une bonne défense qu'à condition que le bras fut plié. L'aisselle droite était protégée par une rondelle de plastron beaucoup plus développée que celle des armures de guerre, et que l'on pouvait remonter ou baisser à volonté jusqu'à ce que, grâce à l'échancrure pratiquée à sa partie inférieure, elle s'emboîtât sur le fût de la lance. L'armement du buste était complété du côté gauche, par un bouclier légèrement concave, carré du haut et arrondi par le bas, fait d'un bois léger, de tilleul, épais de $0^m \cdot 02^c$, recouvert sur ses deux faces d'une épaisseur de $0^m \cdot 02^c$ de cuir, soit $0^m \cdot 06^c$ d'épaisseur totale, sur laquelle on appliquait extérieurement une véritable marqueterie d'os le plus dur ou de la couronne de la corne de cerf. Ces pièces étaient carrées et de la dimension

Les épaulières et les brassards.

La rondelle de plastron.

Le bouclier.

d'une case d'échiquier. Chacune d'elles était maintenue au centre par un rivet de fer. Ce bouclier avait environ 0^m· 70^c· en tous sens. Il était suspendu par une tresse appelée *yuige* qui faisait le tour du cou, et qui, traversant le bouclier à trois doigts du bord supérieur, retombait extérieurement en formant deux aiguillettes.

Les cuissards. Les cuissards étaient d'une seule pièce et ne dessinaient pas la forme de la cuisse. On dirait plutôt de deux targes allongées, cintrées, et qui étaient attachées le long de la selle. Telle est la fameuse armure de tournoi, qui, pendant 150 ans régna sans partage en Allemagne. Au milieu du XVIe siècle, la seule modification que l'on y apporta fut dans le changement du heaume, remplacé par une salade, de même forme que la salade de guerre du XVe siècle, mais plus pesante, et par une haute et forte bavière vissée au plastron. Cette salade se distinguait encore par une sorte de griffe à la crête, qui maintient des deux côtés du frontal deux plaques détachées, en acier. Ces plaques retenaient sur le timbre le volet ou voile en riche étoffe, qui flottait au vent. Un coup estimé consistait à toucher avec le fer de la lance une de ces plaques qui sautait en l'air et entraînait le volet. Le Musée d'artillerie conserve (G, 164), un plastron de joûte allemand, de la première moitié du XVIe siècle, qui présente un mécanisme compliqué dont l'effet était de faire sauter en l'air les pièces de l'armure quand elle était touchée à un point particulier par la lance de l'adversaire.

Modification apportée au XVIe siècle à l'armement de la tête.

Quand se développa le goût des armures gravées. Avant de quitter le chapitre des armures de guerre et de joûte, il convient de terminer par

quelques considérations générales. On appelait
« harnois blanc » l'armure tout unie, en acier ou
en fer poli. Le goût des armures gravées se développa avec la renaissance. Au XVIᵉ siècle, presque toutes les armures sont plus ou moins richement gravées et souvent dorées : quelques-unes
sont dorées en plein, sans gravure, comme l'armure
du duc de Mayenne, au Musée d'artillerie, (G, 76).
On en voit aussi, à cette époque, qui sont tout unies

Les armures
françaises
étaient
généralement
blanches
et unies.

et blanches : celles-là se distinguent alors par l'élégance de leur forme, par la beauté du métal et la
perfection de l'exécution. Celles-là sont généralement les plus belles, et devaient être les plus
chères. Les armures de ce genre, dans la deuxième
moitié du XVIᵉ siècle, sont de fabrication française.
Les armures gravées en Allemagne se distinguent
par la finesse et la beauté de la gravure. Celles
gravées en Italie, n'auraient-elles pas les marques
des fabriques de Pise, de Milan ou de Brescia, sont
bien faciles à reconnaître : elles sont à bandes gravées et reproduisent presqu'uniformément des trophées et des pièces d'armes. Sous Henri IV et sous

Armures
brunies
ou peintes.

Louis XIII on voit beaucoup d'armures brunies
ou peintes en noir ou en brun. Celle de Sully est
tout simplement en cuivre bruni et peint. Au

Les armures,
au XVᵉ siècle,
sont toujours
blanches.

XVᵉ siècle les armures des plus grands personnages étaient blanches. En 1443, le duc d'Orléans
en achetait une en acier poli. L'armure que
Charles VII donna à Jeanne d'Arc et que cite l'inventaire, fait le 23 septembre 1499, de la galerie d'armes du château d'Amboise, était blanche et n'avait
d'autre ornement qu'une bordure dorée autour du
bacinet. Les splendides armures à poulaines de la

galerie d'Ambras à Vienne, sont toutes blanches
avec quelques ornements en cuivre doré aux articulations des cubitières, des genouillères et des
gantelets. Le seul luxe consistait alors à attacher
quelques pierreries à certaines parties saillantes et
bien en vue. C'est ainsi que le duc de Bourgogne
partant, en 1443, pour son expédition dans le Luxem-
bourg, avait les garde-bras et les ailes des genouillères de son armure enrichies de « grosses pierreries. » Ses pages portaient dans la même circonstance
des salades si riches qu'une seule était estimée
100,000 écus d'or. Mais Philippe-le-Bon était un
prince magnifique, et il faisait exception, même
dans sa caste, pour son amour des splendeurs.

Du prix
des armures.

L'armure simple, blanche, revenait déjà à un
prix très-élevé. Celle que Charles VII fit faire
pour Jeanne d'Arc et qu'il lui donna quand elle
alla à Orléans, lui avait coûté 100 livres tournois.
C'était un prix considérable. Nous avons vu qu'au
milieu du XVIᵉ siècle, pour avoir à Milan un
morion gravé et doré, il fallait le payer 14 écus,
et que l'on se plaignait de ce prix. On comprend
que les grands seigneurs et les princes pouvaient
seuls se donner le luxe de changer plusieurs fois
d'armures. Et pourtant ils ne répugnaient pas eux-

On ne
répugnait pas
à se servir
d'armures
d'occasion.

mêmes à en acheter d'occasion, témoin la duchesse
d'Orléans par exemple, qui fait acheter à Bourges,
en 1455, une armure que Bertrand du Parc y avait
mise en gage. Généralement une armure servait
pour toute la vie de celui qui l'avait fait faire.
Aussi voit-on parfois sur certaines armures, mêmes
les plus riches, des réparations qui prouvent qu'elles
ont été élargies anciennement, soit pour le même

personnage dont la taille s'était épaissie, soit qu'elles aient changé de propriétaires. C'est pour le même motif d'économie que les armures de guerre pouvaient être transformées en armures de joûte, que la plupart des armures de cavalier pouvaient, à volonté, devenir des armures de gens de pied.

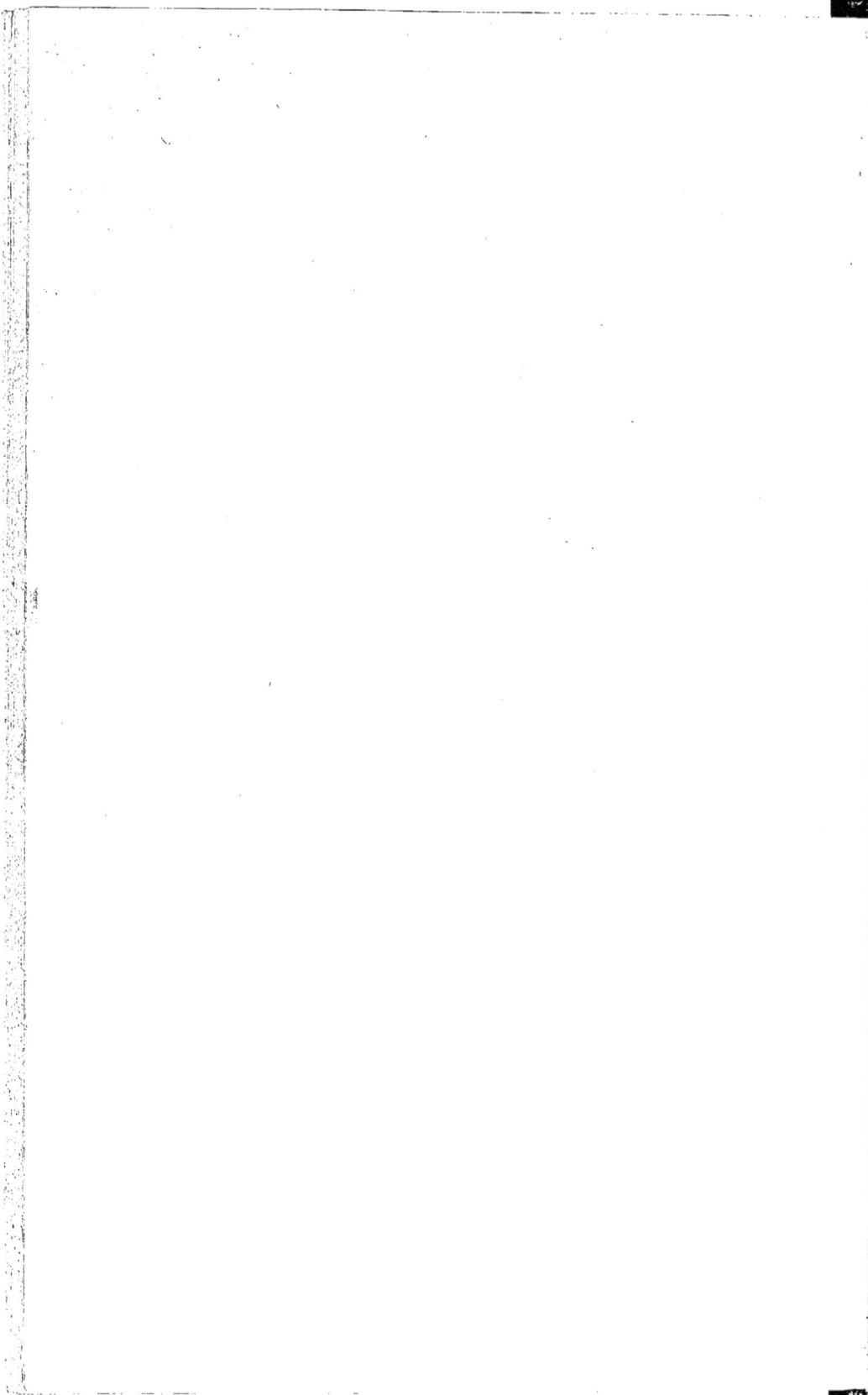

CHAPITRE III.

ARMURES DE CHEVAL.

Façon de la selle. Le cheval était armé comme son cavalier. Comme lui il était couvert de fer. La selle, garnie de troussequins arrondis et très-élevés, avait des quartiers en fer également, relevés des deux côtés, qui emboîtaient la cuisse. On avait beaucoup d'assiette sur des selles semblables, mais il était, on le conçoit, assez difficile de s'y établir sans aide. Aussi Merlin de Cordebœuf, dans un traité du costume des chevaliers errants, écrit vers 1450, leur recommande-t-il de prendre des « selles de guerre dont Différences entre la selle de guerre et celle de joûte. l'on pourra descendre et monter seul sans aide. » Pour pouvoir combattre dans les joûtes, il est nécessaire, dit-il encore, que les selles soient « bien fort closes par derrière et ne veullent pas estre trop haultes d'archon par devant. » Il fallait donc se faire aider par quelqu'un pour se mettre en selle. Avec la selle de guerre, il était indispensable que le cavalier démonté pût se remettre seul en selle, et par conséquent que, malgré le poids de ses armes, il pût passer facilement la jambe par dessus la selle. Le derrière de la selle de guerre était donc moins élevé que le devant. Cette disposition s'explique encore par la nécessité pour le cavalier se servant de la lance, et entraîné en avant par ce mouvement, de rencontrer un solide point d'appui dans l'arçon de la selle : enfin le garde-reins suppléait au peu de hauteur de l'arçon de derrière, tandis encore que l'écartement des tassettes, à cheval, nécessitait pour le ventre la protection d'un arçon plus élevé par devant.

La barde d'acier et les pièces diverses qui la composent.

La selle était posée sur une couverture ou barde d'acier qui couvrait entièrement le cheval, et portait le nom de *flançois* ou *pissière*. Le cou du cheval était enveloppé de mailles surmontées par *la cervicale* : on appelait ainsi la pièce d'armure composée de lames de fer arquées, à recouvrement, suivant la forme de l'encolure, qui couvrait toute la crinière du cheval, depuis le devant de la selle jusqu'au chanfrein, après lequel elle était fixée par des charnières ou des agraffes. *Le chanfrein*, plaque de fer ou de cuivre bouilli découpé, avec des trous pour les yeux, appliqué sur le devant de la tête du cheval dont il suivait la forme, complétait l'armure du fidèle compagnon à la destinée duquel celle du cavalier était étroitement liée, la mort du premier entraînant presque toujours alors celle du second.

Poids
de l'armure
du cheval,
et de l'armure
du cavalier.

On surchargeait le cheval ; l'armure de joûte allemande et celle du cheval pesaient ensemble 82 kilos
(Musée d'artillerie, G, 114) : quatre armures de
guerre, pesées chacune avec l'armure du cheval, donnent 73 kil. 90, pour celle du XVᵉ siècle (G, 1,
Musée d'artillerie) ; 62 kil. 10, pour celle d'Adolphe
de Bourgogne, époque de Louis XII (id. G, 22) ;
82 kil. 60, pour celle d'un prince de Bavière, de
1533 (id. G., 26) ; 75 kil. 20, pour une de la seconde
moitié du XVIᵉ siècle (id. G. 62). En prenant pour
moyenne de 20 à 24 kil. pour le poids de l'armure
de l'homme, on trouve 50 à 52 kil. pour le poids
moyen de l'armure du cheval. Si l'on adopte enfin
70 kil. comme poids moyen des deux armures
d'homme et de cheval réunies, et 70 kil. comme
poids moyen de l'homme sans armure, on arrive à
constater que le cheval de bataille ou destrier n'a-
vait pas moins de 140 kil. à porter, ce qui est
énorme.

Grand luxe
déployé
dans l'armure
du cheval,
principa-
lement dans
le chanfrein.

Si l'on armait le cheval aussi soigneusement que
soi-même, il est assez curieux de remarquer que
pour le harnais du cheval on déployait relativement
plus de luxe que pour l'armure de l'homme d'armes,
Ceci s'applique plus particulièrement au chanfrein,
qui était soit en fer, soit en cuivre, soit en acier, soit
en cuir bouilli, et sur lequel étaient parfois gravées
les armes de son possesseur, alors qu'on ne les voyait
presque jamais sur son armure. Le chanfrein de
l'armure du Musée d'artillerie, G, 26, qui a appartenu à un prince de Bavière, est orné des armes de
Bavière. Cinq autres chanfreins, du même musée',
ont également des armoiries. Dans la collection de
l'Empereur on remarque l'admirable chanfrein

d'une armure qui a appartenu à Ferdinand II, empereur d'Allemagne, de 1558 à 1564, et dont les armoiries ont servi à déterminer l'origine. Il est enrichi de larges bandes chargées d'ornements et de figurines repoussés, ciselés et damasquinés d'or sur des fonds noirs. Un autre représente une figure de la Renommée soufflant dans deux trompettes, entourée de figures et de masques engagés dans des enroulements du plus bel effet décoratif (n⁰ˢ 82 et 83). Un autre imite les dessins des étoffes du commencement du XVII° siècle (Musée d'artillerie, G, 353). Les chanfreins reproduisent les cannelures des armures maximiliennes, à l'époque de ces armures. Au XV° siècle, on les chargeait de pierreries sur un fond d'acier uni et sobre comme les armures de cette époque. Le chanfrein qu'avait le cheval du comte de Saint-Pol, au siége d'Harfleur, en 1449, était estimé 30,000 écus. Le cheval du comte de Foix, lors de son entrée dans Bayonne reconquise par Charles VII, en avait un d'acier, orné d'or et de pierreries, prisé 150,000 écus d'or, une fortune entière.

Le chanfrein porte souvent une arme défensive ou une arme offensive. Il y avait des demi-chanfreins. Etienne Pannaye en avait fait un pour le duc d'Orléans « à grant rondelle pour la joûte. » Au lieu de rondelles, qui étaient encore une arme défensive, ces chanfreins portaient quelquefois des armes offensives et étaient munis de plusieurs pointes courtes, disposées comme les dents d'une scie, de même qu' « au poitrail et ès flancs de la barde, de grandes dagues d'acier » qui devaient produire un terrible effet dans la mêlée. On les craignait assez pour que, en 1446, Galiot de Baltazin, gentilhomme italien, ayant paru dans une joûte contre Philippe de Ternant, avec son cheval portant de semblable dagues d'acier sur « une barde de cuir de buffle peint à sa devise, « le duc de Bourgogne lui ait fait dire que « l'on n'avoit point accoustumé de porter en lice ou en noble champ-clos dagues ou poinctures en habillement de chevaux. » — On se servait aussi pour la joûte de *chanfreins aveugles*, c'est-à-dire dont les œillères sont closes, afin que le cheval, n'y voyant pas, ne pût s'effrayer ou se dérober au moment du choc. On en remarque un au Musée d'artillerie et un dans la collection de l'Empereur.

Chanfreins aveugles pour la joûte.

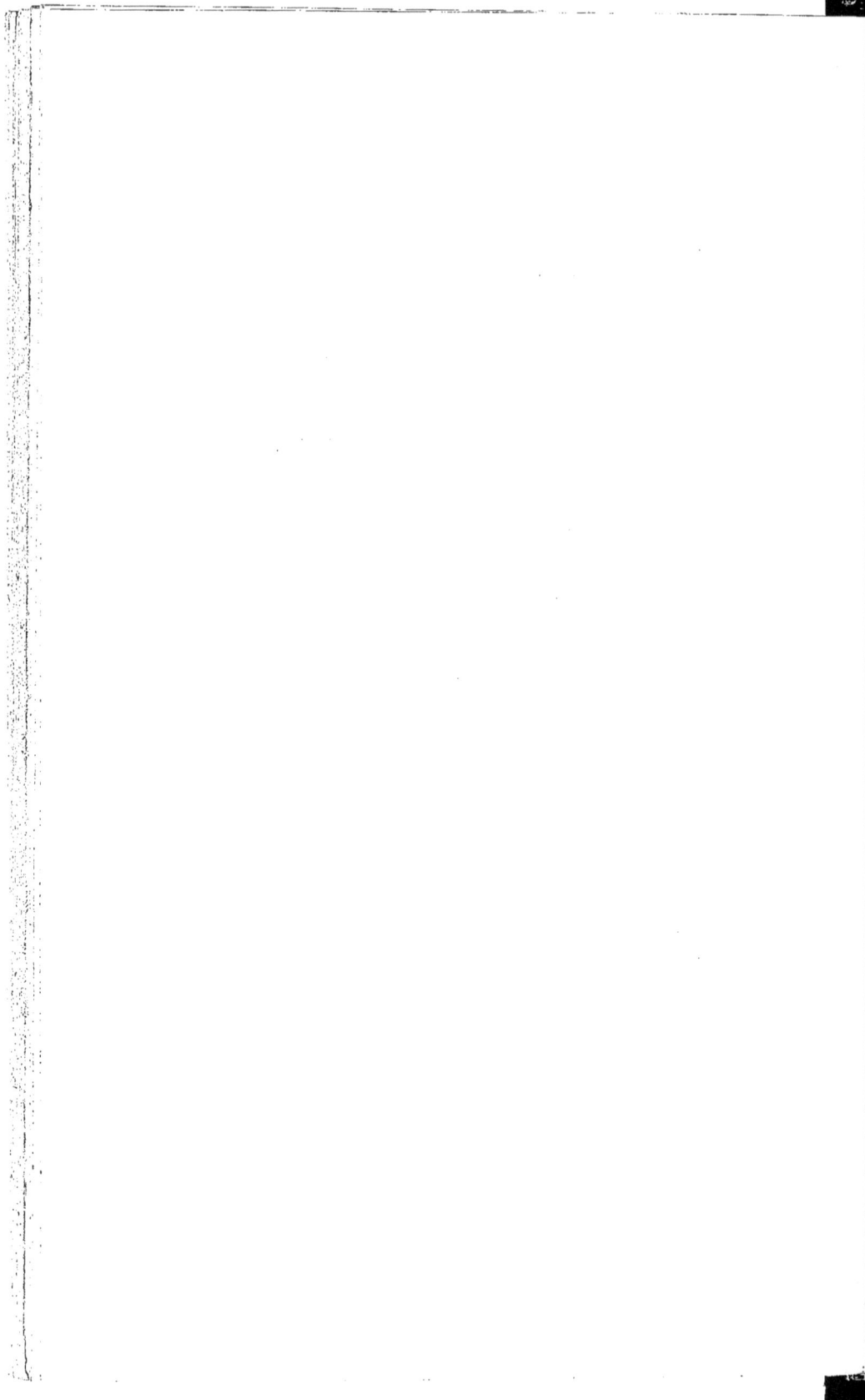

CHAPITRE IV.

———

BOUCLIERS.

———

L'usage du bouclier, très-fréquent pour les cavaliers dans les siècles antérieurs au XVe, s'est considérablement restreint au XVe siècle, et il a disparu tout-à-fait au XVIe siècle, au moment où les grands garde-bras et les passe-gardes firent leur apparition. A partir de cette époque, on ne trouve plus de boucliers que dans l'infanterie qui continua a en faire usage jusqu'au XVIIe siècle. La forme, la dimension des boucliers a beaucoup varié selon les époques, mais tous portaient les pièces suivantes : l'*umbô* ou *ombilic*, saillie généralement en métal, quelquefois armée d'une pointe, qui forme le centre du bouclier, quand il est rond, et qui est placée aux deux tiers de sa hauteur quand il est carré ou allongé;

Le bouclier est l'arme de l'homme de pied.

Les différentes pièces dont se composait le bouclier.

5

la *garniture* ou doublure intérieure, matelassée ou piquée; la *guige* ou courroie qui servait à le suspendre au cou; et enfin les *énarmes* ou poignées dans l'une desquelles on passait le bras pendant qu'on saisissait l'autre dans la main gauche.

Façon
au bouclier.

Les boucliers étaient ou bien en fer, et dans ce cas le graveur et le ciseleur y épuisaient toutes les ressources de leur burin, ou bien en bois, et peints, représentant soit des armoiries, soit des sujets de fantaisie ou des ornements. Dans ce cas le bouclier était d'un bois léger et serré, recouvert de cuir sur les deux faces. Sur le cuir extérieur on appliquait une couche épaisse d'un enduit qu'on appelait *plâtre à pincel*, fait d'un mélange de plâtre et de colle. C'est sur cette couche, qui acquérait en séchant une grande dureté, que l'on peignait, que l'on découpait même des ornements.

omenclature
des
diverses sortes
de
boucliers.

Selon Merlin de Cordebeuf, qui écrivait vers 1450, la *Targe*, qui se portait au cou, était le bouclier pour combattre à cheval, et la *pavoysine*, dont nous avons fait le *pavois*, était pour combattre à pied. Ni l'un ni l'autre n'étaient ronds. Le bouclier rond, du XVIe siècle, reçut, de sa forme, le surnom de *rondache* ou *rondelle*. Il y en avait en cuir bouilli. Ceux qui servaient dans les siéges étaient plus grands, plus pesants, et, il y a parfois dans leur pourtour une ouverture où l'on plaçait une lanterne. Il y avait enfin les boucliers de parement, qui ne servaient que dans les cérémonies et que l'on faisait porter devant soi par un page ou par un écuyer. C'est dans cette catégorie qu'il faut ranger l'admirable bouclier de Charles IX, conservé au Musée des Souverains, en or et en émail, en forme

d'ovale allongé, haut de 0ᵐ 680, et large de 0ᵐ **490**;
le bouclier dit à la Méduse, qui a appartenu à
Charles-Quint, le bouclier dit de la Prise de Car-
thage, et celui de Ximénès, tous trois appartenant
à l'Arméria Real de Madrid; plusieurs des rondaches
de la collection de l'Empereur; l'admirable rondache
L 14 du Musée d'artillerie; et enfin le splendide
bouclier du comte de Nieuwerkerke.

Le bouclier
nommé targe. La *targe*, bouclier du cavalier, se rencontre
très-rarement dans les collections. Il faut citer celle
du roi de Hongrie, Mathias Corvin, mort en 1392,
une des pièces capitales du Musée d'artillerie. Cette
belle arme, d'une authenticité incontestable à cause
de cette devise qui court sur les bords : *Alma Dei
genitrix Maria, interpelle pro Rege Mathia*, à
cause des armoiries qui la décorent, servait à la
guerre puisqu'on y remarque encore, auprès du
centre, un trou fait par une flèche ou par un car-
reau d'arbalète. Elle est de forme rectangulaire avec
une forte saillie pour le placement du bras.

Nous avons parlé plus haut des targes allemandes
de joute, recouvertes extérieurement d'une marqueterie en os ou en couronne de corne de cerf.
Le pavois. Le *pavois*, bouclier de l'infanterie, servait surtout
dans les siéges. Il avait presque la hauteur d'un
homme. Quand les hommes d'armes montaient à
l'assaut, ils avaient des valets qui « les paveschoient, »
c'est-à-dire qui portaient devant eux ces vastes boucliers, assez vastes pour garantir eux et leurs maîtres.
Les arbalétriers s'en servaient aussi et les portaient
sur le dos. Ils n'avaient donc, pour être à l'abri, qu'à
tourner le dos à l'ennemi pendant l'opération longue
et compliquée de bander leurs arbalètes. Le Musée

d'artillerie ne conserve que deux pavois, tous deux en bois recouvert de peau.

Les rondaches, uniformément circulaires, variaient à l'infini par leurs dimensions et par le caractère des ornements qui les décoraient. Nous n'en finirions pas si nous voulions énumérer seulement les quarante-neuf types du Musée d'artillerie et les vingt-quatre types de la collection de l'Empereur. Bornons-nous à citer ceux qui sortent des modèles ordinaires par leur structure ou par quelque disposition particulière; à savoir, pour le Musée d'artillerie, une rondache italienne peinte sur les deux côtés (I, 6); une rondache à gantelet; le gantelet de main gauche y est fixé à demeure; au-dessus de ce gantelet est attachée une branche coudée, mobile, qui servait à tenir le bouclier en main; au-dessous et contre la surface intérieure de la rondache est logée une lame d'épée de $0^m 50^c$ de longueur, qui en sort horizontalement. A la partie supérieure est une ouverture se fermant à charnière, à laquelle est adaptée une lanterne pour les rondes de nuit (I, 35); rondache avec son brassard fixé à demeure: la surface porte des cercles concentriques pour empêcher le coup de glisser. Cette disposition est peut-être unique. Pour la collection de l'Empereur, où toutes les rondaches sont d'une beauté exceptionnelle, il faut citer le N° 219 dont le champ est partagé en trois parties qui présentent la figure d'un lion vu de face, accostée de deux têtes de chien ou de loup de profil, et la devise *Noscendum*.

Il y avait encore *les rondelles à main* ou *à poing*, c'est-à-dire de fort petites rondaches, grandes comme le quart d'une rondache ordinaire, quelquefois pas plus grandes que le poing, et portant une seule poignée à l'intérieur. Ces dernières étaient munies sur le bord, d'un crochet pour les suspendre à la ceinture. Notre cabinet d'armes en possède un curieux modèle du XVe siècle, uni, bordé de clous de cuivre festonnés. La collection de l'Empereur et le Musée d'artillerie en ont plusieurs en acier et en cuir bouilli; cette dernière collection en renferme deux surtout très-remarquables, l'une en corne d'élan avec un écusson armorié, de la seconde moitié du XVe siècle, l'autre en acier, hérissée de petites pointes; autour de l'ombilic, parmi des feuillages dorés on distingue un écusson écartelé aux armes de France et d'Angleterre, une rose couronnée, une grenade et une herse. On l'attribue au comte de Richemont, devenu roi d'Angleterre, en 1485, sous le nom de Henri VII.

CHAPITRE V.

COTTES DE MAILLES, HAUBERTS, HAUBERGEONS, BRIGANDINES, JACQUES, BUFFLETINS.

LES COTTES DE MAILLES.

La cotte de mailles au XIII° siècle

Du XI° jusqu'à la deuxième moitié du XIV° siècle, la cotte de mailles constitua l'armure de tous, nobles et vilains, avec des noms différents. Au XIII° siècle, qui fut la belle époque de l'armure de mailles, c'était ce tissu, souple, léger et impénétrable, qui enveloppait de la tête aux pieds le chevalier, qui n'enveloppait que le buste de l'écuyer et des gens de pied. Le chevalier était donc revêtu d'une longue tunique à manches allant jusqu'au bout des doigts et enveloppant la main dans un gant où le pouce était seul détaché, d'une coiffe de mailles par-dessus laquelle il mettait le heaume en fer, au moment de combattre, et enfin de chausses de mailles, pantalon à pied, d'un seul morceau. Cette longue chemise, seule, pesait de 25 à 30 livres. La cotte de mailles était simple, sans doublure; elle se plaçait sur un vêtement bien rembourré et qui, malgré tout, ne pouvait garantir des contusions sous le choc d'une lance ou d'une masse d'armes. Une des fabriques de mailles les plus estimées était à Chambly (Oise); le roi Louis-le-Hutin avait des cottes de mailles de Chambly, ainsi que le constate l'inventaire de ses armes. Voici la disposition de cette maille : « les deux extrémités de l'anneau, d'abord rapprochées à chaud, sont battues d'un coup de marteau qui les réunit en les aplatissant; elles sont percées pour recevoir un rivet. Ce rivet, assuré par un second coup, donne la petite saillie qu'on remarque à chaque anneau et qu'on nomme le grain d'orge. A chaque anneau viennent s'en joindre quatre autres. » C'est la double maille, ou maille de Chambly.

Les mailles de Chambly étaient les plus estimées.

Il y avait de nombreuses variétés dans les mailles, pour la forme, pour le poids et la dimension des anneaux. A la partie supérieure et aux manches, la maille était presque toujours plus fine et plus serrée. Les tissus les plus beaux et les plus rares étaient à mailles rivées à grain d'orge. On en trouve, de qualité inférieure, formés alternativement, par lignes parallèles, de mailles rivées et d'anneaux plats, coupés à l'emporte-pièce. Quelquefois l'anneau, en forme d'O, est renflé sur les deux côtés : le tissu est plus fort, mais moins flexible. Quelquefois la maille est ovale, ou barrée. Très-fréquemment les cottes de mailles sont terminées au cou, aux manches et

Variétés dans les formes de la maille.

dans le bas par une bordure unie ou dentelée en mailles de cuivre.

Impénétra-
bilité
des cottes
de mailles.

On arrivait à une perfection telle, dans les cottes de mailles bien faites, que le chevalier était invulnérable. Il fallait pour le tuer, l'assommer ou le déshabiller. A la bataille de Bouvines, le comte de Boulogne, renversé de cheval par « un fort garçon nommé Comnote » dut la vie à l'excellence de sa cotte de mailles que son adversaire ne put parvenir à percer. Mais on est effrayé en songeant au travail que demandait la fabrication d'une armure toute en mailles rivées à grain d'orge, à la dépense de temps et de patience qu'il exigeait de l'ouvrier. Aussi cette époque nous a-t-elle légué ce proverbe tout plein de mélancolie « maille à maille se fait le haubergeon, » proverbe qu'une famille française a choisi pour devise.

LE HAUBERT.

Le grand haubert, le blanc haubert, c'est la longue chemise de mailles du chevalier, tombant jusqu'aux genoux, que l'écuyer lui-même, tout gentilhomme qu'il fût, ne pouvait porter. Le haubert disparut lorsqu'on adopta l'armure de fer.

LE
HAUBERGEON.

C'est le diminutif du haubert, en forme de tunique, courte, flottante ou du moins peu ajustée, sans manches ou avec des manches larges et courtes qui ne dépassaient pas le coude. Le haubergeon fut le vêtement des gens de pied et conserva cette destination jusqu'au XVIᵉ siècle. C'est lui aussi que les cavaliers portaient au XIVᵉ et au XVᵉ siècles sous leurs armures et qui paraît dans les parties ouvertes et vulnérables de l'armure, aux aisselles, entre les tassettes et au-dessous du garde-reins.

LA BRIGANDINE.

Elle était très-usitée au moyen-âge, surtout au XVᵉ siècle. C'était un vêtement de toile épaisse et résistante, ou de cuir, sur lequel étaient clouées des écailles de fer, disposées à recouvrement comme celles d'un poisson et rivées une à une. Ces écailles étaient ensuite recouvertes d'une autre toile épaisse, quelquefois de cuir, servant de doublure à la dernière étoffe extérieure qui était en drap, en velours ou en soie, piquée ou brodée « brigandines come brigandines de jouste, couvertes de telles couleurs de drap qu'ils vouldront, soit drap de soye ou de layne, clouées de clox dorez et gros ou menus » (Merlin de Cordebeuf). Telle est donc la contexture de ce vêtement célèbre et dont le nom revient souvent sous la plume des chroniqueurs : une première toile ou un cuir, les écailles de fer ou d'acier, une seconde épaisseur de toile et enfin l'enveloppe extérieure.

La brigandine sert aux chevaliers, aux grands seigneurs.

On a prétendu que la brigandine n'était portée au XVᵉ siècle que par les gentilshommes trop pauvres pour acheter une cuirasse dont la brigandine tenait lieu. Nous renvoyons le créateur de ce système aux miniatures du temps, notamment à celles du Froissart de la Bibliothèque Impériale, exécutées au milieu du XVᵉ siècle, et donnant, par conséquent, avec une scrupuleuse exactitude, les moindres détails du costume militaire à cette époque : il y verrait les courtisans autour du trône, les généraux, les personnages importants que le peintre a voulu représenter, revêtus indistinctement de la brigandine ou de la cuirasse, et souvent de l'un et de l'autre, c'est-à-dire de la pansière seulement, de la partie inférieure de la cuirasse placée sur la brigandine. Peut-on, d'ailleurs, avec un peu de réflexion, établir, comme prix ou comme main-d'œuvre, un parallèle entre la cuirasse, fût-elle même en trois pièces, et la brigandine avec chacune de ses écailles rivées séparément et qui, à ce travail compliqué, joignait la façon et la piqûre d'un triple vêtement dont le dernier était une casaque en velours. Assurément non, la brigandine n'était pas pour les gentilshommes l'économie d'une cuirasse ; c'était, au contraire, l'ornement des gens d'armes riches, car la brigandine rompait élégamment, par ses vives couleurs et ses broderies, l'uniformité sévère du harnais blanc de pied en cap.

Forme de la brigandine. En résumé, la brigandine avait à peu près la forme d'une cuirasse. Elle n'avait pas de manches, s'ajustait sur le buste qu'elle dessinait, serrait la taille à la ceinture et s'arrêtait à la naissance des cuisses. Pour l'archer ou pour l'arbalétrier elle était moins ajustée et un peu plus longue, mais toujours serrée à la taille. On la mettait comme un gilet et on la boutonnait ou on la laçait avec une aiguillette sur la poitrine, tandis que la brigandine de joûte était toujours lacée sur le côté droit ou dans le dos.

Description de quelques brigandines conservées dans les musées. On conservait, en 1499, dans la salle d'armes du château d'Amboise, la brigandine de Lord Talbot « couverte de veloux noir tout usé, » et encore « unes vieilles brigandines longues, couvertes dung vieil drap dor rouge, le haut fait en façon de cuirasse et le bas en lemmes d'acier. » La brigandine, attribuée à Talbot, avait pu lui appartenir, mais à coup sûr il ne s'agissait nullement de celle qu'il portait à la bataille de Castillon, où il fut tué, puisque Mathieu d'Escouchy a soin de nous apprendre qu'elle était « couverte de velours vermeil. » Mais, pour ne parler que des brigandines que nous avons vues, maniées et examinées à loisir, nous citerons avant tout celle que l'on conserve au musée du Grand-Duc, à Darmstadt, et qui affecte exactement les formes et la proportion d'une cuirasse : elle n'a pas de manches et se ferme sur la poitrine au moyen d'un lacet passant dans une rangée d'œillets. Cette brigandine, recouverte de velours rouge, est constellée extérieurement d'un semis de rivets dorés disposés en longues lignes perpendiculaires sur la poitrine et sur le dos, et dessinant au cou des croix et des rosaces à la ceinture. L'armature intérieure consiste, pour la poitrine et pour le dos en écailles, et pour les côtés en triangles superposés. Chacune des écailles portant pour estampille une fleur de lys, on en a conclu que cette brigandine était de fabrication française. Les écailles, en acier pur, ont été étamées pour les préserver de la rouille produite par la transpiration du corps. Le Musée d'artillerie conserve trois brigandines entières du XVe siècle, et quelques fragments d'une quatrième de la même époque. La première (G. 125) était recouverte de soie noire dont on voit encore des fragments à la tête des rivets qui, non-seulement traversaient les écailles, mais encore tout le vêtement et servaient à orner l'extérieur, comme nous venons de le dire. La deuxième (G. 126) était couverte de velours rouge. Dans le trophée G. 128 on remarque un fragment couvert de velours vert et parsemé extérieurement de clous de cuivre. Le Nº 1417 du Musée de Cluny est une brigandine à écailles de fer, doublée de velours et cloutée de cuivre. Notre cabinet d'armes en contient une basque en forme de tassette, en velours violet semé de clous de cuivre. Les écailles, en forme de carré long, sont très-serrées et artistement cousues les unes aux autres.

LA JACQUE.

Dans les miniatures du XVᵉ siècle on voit des archers revêtus de chemises de mailles à manches courtes et larges, et par dessus d'un petit vêtement d'étoffe serré à la taille, boutonné ou lacé par devant, laissant apercevoir les mailles entre les boutons, à a manche et sur les cuisses où le tissu de maille dépasse l'étoffe de la largeur de la main à peu près. Ce vêtement n'était autre que *la jacque* dont du Cange nous donne, d'après un titre de la Chambre des comptes, une si complète description :

Façon de la jacque au XVᵉ siècle.

« Mémoire de ce que le Roy veult, que les francs-
» archersde son royaume soient habillez en jacques
» droy en avant, et pour ce a chargié au Bailly de
» Mante en faire un get; et semble audit Bailly de
» Mante que l'abillement de jacques leur soit bien
» proufitable et avantageux pour faire la guerre,
» veu qui sont gens de pié, et que en ayant les bri-
» gandines il leur faut porter beaucoup de choses
» que un homme seul et à pied ne peut faire. Et
» premièrement leur faut des dits jacques de trente
» toilles, ou de vingt-cinq, à un cuir de cerf à tout
» le moins : et si sont de trente-un cuirs de cerf, ils
» sont des bons. Les toilles usées et déliées moyen-
» nement sont les meilleures; et doivent estre les
» jacques à quatre quartiers, et faut que les man-
» ches soient fortes, comme le corps, réservé le

» cuir. Et doit estre l'assiette des manches grandes,
» et que l'assiette pregne près du collet, non pas
» sur l'os de l'épaulle, qui soit large dessoubz l'ais-
» selle et plantureux dessoubz le braz, assez faulce
» et large sur les costez bas, le collet fort comme le
» demourant des jacques; et que le collet ne soit
» pas trop hault derrière pour l'amour de salade. Il
» fault que ledit jacque soit lassé devant et qu'il ait
» dessoubz une porte pièce de la force dudit jacque.
» Ainsi sera seur ledit jacques et aisé, moiennant
» quil ait un pourpoint sans manches ne collet, de
» deux toilles seullement, qui naura que quatre
» doys de large seur lespaulle; auquel pourpoint
» il attachera ses chausses. Ainsi flottera dedens son
» jacques et sera à son aise. Car il ne vit oncques
» tuer de coups-de-main, ne de flêches dedens les-
» dits jacques ses hommes, et se y souloient les

La jacque
est le vêtement
des
gens de pied.

» gens bien combattre. »

La jacque était donc un vêtement un peu aisé,
fait de vingt-cinq, trente ou trente-un doubles de
vieille toile piqués sur un cuir de cerf, avec un
collet droit et échancré par derrière pour laisser au
couvre-nuque de la salade la facilité de toucher
les épaules. La jacque pouvait se porter sur une
chemise de mailles. La jacque était donc plus légère,
plus commode pour combattre à pied, et plus à la
portée des gens du commun que la brigandine.
« vieils haubergeons, jacques et autres habillements
de pauvre état », dit Monstrelet. Il y avait aussi des
jacques autrement faites qu'en toile et en cuir, mais
c'était l'exception. « Siot un jasque moult fort de
bonne soie empli », dit la chronique manuscrite de
du Guesclin; et, en 1398 le duc d'Orléans donna à

Charles d'Albret une jacque de velours cramoisi à
longs poils, garnie d'aiguillettes et de crochets d'or.
— Le Bailli de Mantes affirme que la jacque était
bien préférable à la brigandine pour les gens de
pied.

LE BUFFLETIN. Ce vêtement détrôna l'armure : C'est sous
Louis XIII qu'il apparaît et c'est d'Allemagne qu'il
vous vint, dit-on. Les reîtres de Gustave-Adolphe
en étaient revêtus. Fait en cuir d'élan, il est
fort épais et d'une grande souplesse. Il se fer-
mait par devant, avec un lacet, et il était garni parfois, tout autour, soit d'un galon de soie jaune, se
rapprochant de la couleur du cuir, soit d'un galon
d'or. Il y en avait avec et sans manches : ceux des
cavaliers tombaient jusqu'aux genoux. Le Musée
d'artillerie en possède un (G, 162) à manches. Dans
notre cabinet il en existe deux, un d'officier, sans
manches, bordé d'un galon de soie jaune, et un de
piquier, qui accompagne l'armure N° 27. Ce dernier
est coupé en pointe, conformément au pourpoint
civil, et s'arrête à la taille. Les manches, très-larges
et très-évasées au bout, sont dentelées. C'est une
pièce peut-être unique.

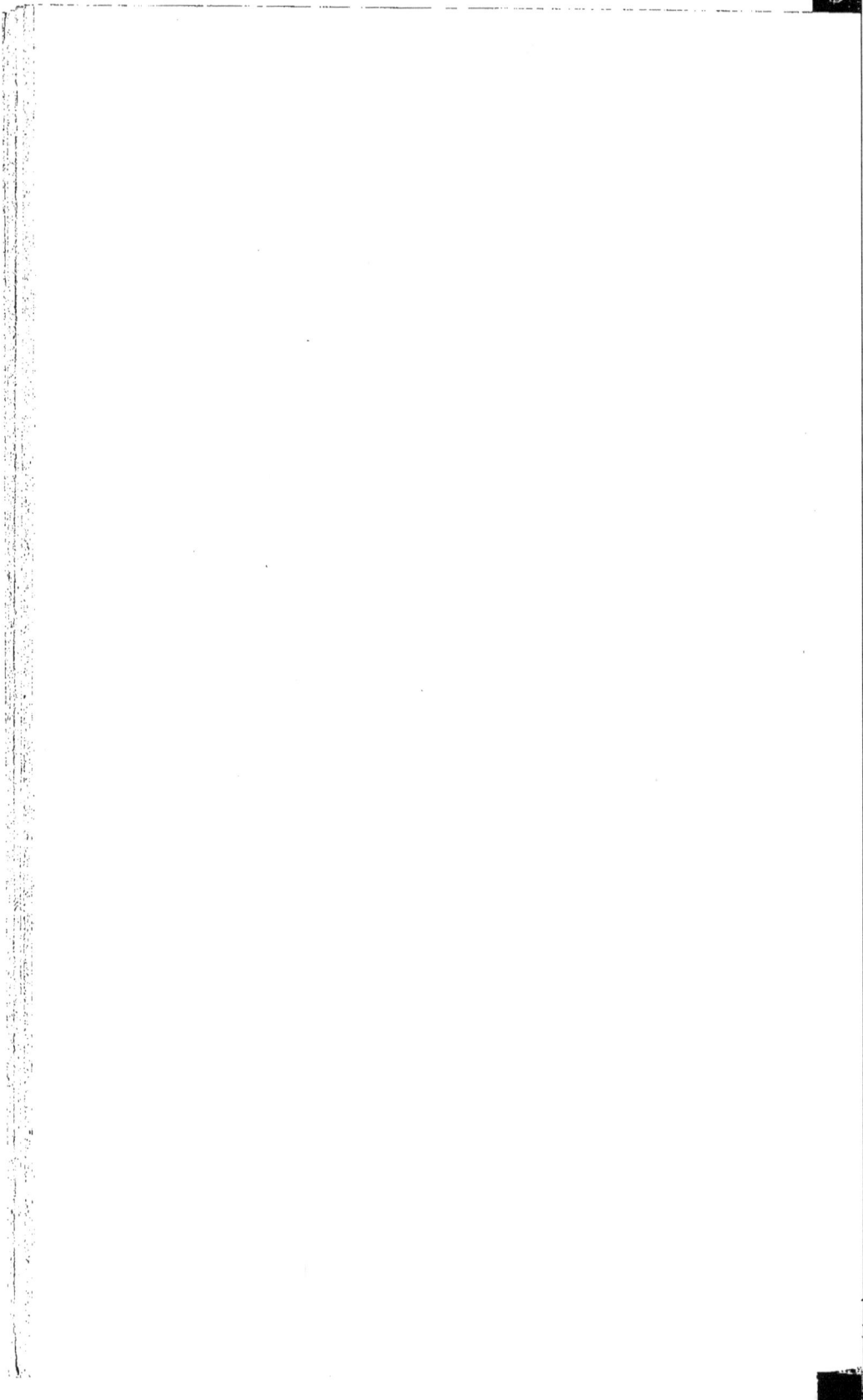

CHAPITRE VI.

———

EPÉES.

———

La lance et l'épée étaient les armes de condition libre. De tout temps l'épée a été l'arme noble par excellence et, dans les derniers temps de la monarchie, elle était devenue exclusivement l'arme du gentilhomme. Les trois collections du Musée d'artillerie, de l'Empereur et du comte de Nieuwerkerke, renferment, à elles trois, assez de modèles pour permettre de refaire l'histoire des épées depuis les temps les plus reculés jusqu'à nos jours. A lui seul, le Musée d'artillerie en possède 194 types, depuis les Gaulois jusqu'au règne de Louis XVI. Quelques heures passées devant ces rateliers d'armes, disposés avec tant de goût, en apprendraient plus que tous les traités les plus complets et les plus savants. — Les collèctions de l'Empereur et du comte de Nieuwerkerke, qui ne dépassent pas le XVe siècle, contiennent, la première surtout et principalement pour le XVIe siècle, les types les plus riches et les plus parfaits que l'on connaisse.

Avant de décrire rapidement les différentes espèces d'épées connues du XVe au XVIIIe siècle, il est nécessaire, comme nous l'avons fait pour l'armure, d'énumérer les pièces qui composent une épée, et les noms attribués, dans la panoplie, à chacune de ces pièces.

Il y a deux parties bien distinctes dans une épée, *la lame* et *la poignée*.

LA LAME. La lame se divise en quatre sections, qui sont *la soie, le talon, le corps de la lame* et *la pointe.*

La soie. *La soie* est la partie, rétrécie, brute, non travaillée ni polie, qui entre dans la poignée et la réunit à la lame. La soie est toujours très-étroite, même dans les plus grandes épées, puisqu'elle reçoit un revêtement en bois recouvert lui-même d'un treillis de fils de fer ou de cuivre, ou d'une enveloppe de cuir, et que le tout doit être facilement saisi et enveloppé par la main. Elle est toujours longue, car après y avoir enfilé successivement les quillons, la fusée, on termine par le pommeau souvent très développé, et il faut qu'elle dépasse assez le pommeau pour qu'en rivant dessus, avec le marteau, la pointe de la soie, toutes les pièces composant la poignée soient solidement fixées. La soie est percée de deux ou trois trous recevant des goupilles qui traversent la fusée et l'empêchent de tourner autour.

Le talon. Après la soie vient *le talon ;* c'est la partie la plus large de la lame : c'est là que sont placés le nom du fabricant, quelquefois des devises, des gravures ou simplement de la dorure : c'est de là que partent les gorges d'évidement qui se prolongent plus ou moins sur la lame. On appelle

Les gorges d'évidement ou gouttières. *gorges d'évidement* ou *gouttières,* des filets creux, souvent accouplés, qui sont placés soit sur le milieu, soit sur les deux côtés du talon. C'est presque toujours dans cette gouttière qu'est gravé le nom de l'armurier. Dans les épées d'armes, qui n'ont que les quillons, ces quillons s'appuient sur le talon de la lame. Dans beaucoup d'épées de ville du XVIe et du XVIIe siècle, le talon se trouve compris entre les quillons et les doubles-gardes, de sorte que le fourreau est fendu sur les deux côtés, entre la double-garde et les quillons, pour pouvoir atteindre ces derniers et recouvrir le talon seulement sur les deux faces, les deux côtés restant à découvert. Cette disposition du fourreau existe dans toutes les épées à doubles-gardes, et jamais dans les épées à gardes simples. Quand le fourreau s'arrête à la double-garde, alors le talon de la lame est revêtu de cuir.

Le corps de la lame. Le *corps de la lame* va en se rétrécissant plus ou moins graduellement jusqu'à la pointe. Elle reçoit les gouttières le plus souvent jusqu'au milieu. Quand elle n'en a pas, les deux tranchants forment une arête plus ou moins accentuée qui, au contraire des gouttières, suit la lame dans toute sa longueur jusqu'à la pointe. Dans les épées d'armes, les lames, très-larges, rendent l'épée lourde à la pointe, ce qui est surtout favorable pour frapper de taille. Dans les épées du XVIᵉ siècle, les épées de ville où l'on n'avait à faire usage que de la pointe, l'extrème complication de la poignée ramenait forcément tout le poids dans la main. Sous Louis XIV, quand on renonça à ces formes compliquées pour revenir à la forme encore usitée, le comte de Kœnigsmark imagina une lame qui remplissait parfaitement ce but : le talon en était très-large comparativement à la lame qui était très-effilée et taillée en carrelet. On appela cette

Lame à la kœnigsmark, ou, par corruption, colichemarde. épée, par corruption, *colichemarde*. Ce fut l'épée de guerre des règnes de Louis XV et de Louis XVI ; c'est aujourd'hui notre épée de combat. — Il y avait une variété infinie dans les lames d'épées. Nous en déterminerons les caractères en traitant séparément de chacune des espèces d'épées connues et employées du XVᵉ au XVIIIᵉ siècle.

La pointe. *La pointe* enfin, toujours aiguë dans les épées de ville, ne l'est que fort peu dans les épées d'armes. On en voit dans les collections qui ont été retaillées, soit pour les raccourcir, soit pour les affiler davantage.

LA POIGNÉE. La poignée de l'épée comprend *le pommeau, la fusée, les quillons, les gardes, simples, doubles* et quelquefois *triples, les contre-gardes, les pas-d'ânes, l'écusson, les branches.*

Le pommeau. *Le pommeau* est une boule, ou un carré, ou une olive, ou une poire, qui termine et surmonte la fusée de laquelle il est indépendant. Considérable dans les épées d'armes, le pommeau est moins volumineux dans les épées de ville. Il y a, dans les pommeaux, une variété infinie. Il y en a d'aplatis, à jour, dentelés; il y a plus de différence enfin dans les pommeaux que dans l'ensemble des poignées d'épée, et cela n'est pas peu dire.—Quand une épée a été récemment remontée, c'est à la rivûre du pommeau que l'on s'en aperçoit. Notre cabinet renferme une épée d'armes dont la rivûre du pommeau est à pointe de diamant, ce qui prouve qu'elle n'a jamais été démontée, et ce qui lui donne un intérêt tout particulier.

La fusée.   Quand on parle de la poignée d'une épée, on entend la partie pour le tout, car la poignée véritable, ce que la main *empoigne*, c'est la fusée, c'est le rouleau de bois creux qui va du pommeau aux quillons. Recouverte de cuir dans les épées du XVe siècle, dans les épées d'armes, dans les épées à deux mains, la fusée est toujours recouverte de filigrane de cuivre ou d'acier artistement tressé et qui forme parfois des torsades et des dessins assez compliqués. Il est assez rare de rencontrer des épées dont la fusée est garnie de son ancien filigrane. Notre cabinet d'armes et les collections du Musée d'artillerie, de l'Empereur et du comte de Nieuwerkerke en contiennent pourtant quelques-unes. Les fusées sont inégalement longues ou courtes. Il est certaines épées très-longues, dont la fusée est si courte qu'à peine la main peut-elle trouver place entre le pommeau et les quillons. Au XVe siècle, il paraît que l'on recouvrait quelquefois encore les fusées avec de la corde menue. Dans l'inventaire de la galerie d'armes du château d'Amboise, en 1499, on trouve « une épée, la poignée garnie de *fouet blanc*, ung pommeau long en faczon de cueur émaillé blanc et rouge, nommée

l'épée du roy Charles VII° qu'il portait en son
courset. Une épée d'armes, la poignée de *fouet
blanc*, au pommeau d'un costé Nostre-Dame et
Saint-Michel de l'autre. »

Les quillons.   *Les quillons* sont des branches transversales qui
forment une croix avec la fusée et la lame. Il y
en a de plusieurs sortes, ou droits, ou recourbés
en sens inverse, un vers la lame, l'autre vers le
pommeau ; ou un droit et l'autre recourbé vers
le pommeau et formant branche. Plats et larges
dans les épées du XV° siècle et les épées d'armes,
les quillons sont toujours longs et minces dans
les épées de ville du XVI° siècle. Ils sont ronds,
carrés, tordus en spirale, s'élargissant à leur extrémité, terminés par des boutons ciselés, etc.

La garde
et la
contre-garde.   On appelle *garde* et *contre-garde* deux plaques
de fer, plates ou concaves, pleines ou repercées à
jour, placées de chaque côté de la fusée et perpendiculaires à son axe : la garde est placée en
dehors et la contre-garde en dedans. La contre-
garde est souvent formée de plusieurs branches : deux
trois, quatre et même cinq. Il n'y a jamais qu'une
contre-garde, mais il y a souvent dans les épées
de ville si compliquées du XVI° siècle des gardes
doubles et même triples. Les rapières n'ont pas
de contre-gardes ni de doubles gardes. Leurs gardes
se composent d'une coquille hémisphérique ou
panier, percée à jour, qui couvre entièrement la
main.

Les
pas-d'ânes.   On appelle *pas-d'âne* deux anneaux partant des
quillons et se recourbant vers la lame, dans le
plan de la lame. On en voit quelquefois à la fin
du XV° siècle, mais c'est surtout aux épées de

ville, sous les Valois, qu'on les remarque. Dans les rapières le pas-d'âne est placé à l'intérieur de la coquille ou panier qui forme la garde. Dans les épées du XVIe siècle il est placé entre la garde et la double-garde.

L'écusson.

L'écusson est le point où les deux quillons se rejoignent contre la fusée. Il fait partie des quillons et affecte la forme d'un écusson héraldique dont la pointe est tournée vers la lame de l'épée. De là le nom qu'on lui a donné.

Les branches.

Les branches relient les gardes au pommeau de l'épée, directement ou obliquement. Elles sont toujours recourbées; il y a des poignées où l'on voit jusqu'à cinq branches. On les remarque, ainsi compliquées, particulièrement pendant la deuxième moitié du XVIe siècle. Elles caractérisaient les épées des hommes de pied et l'épée de ville. Les épées d'armes n'en avaient pas, ou, si elles en avaient une seule, elle ne rejoignait pas le pommeau, afin que la main, armée du gantelet, pût saisir facilement la poignée.

Différentes espèces d'épées.

Nous avons donné la nomenclature complète de l'épée; passons maintenant aux différents types d'épées connues dans la panoplie et aux formes qui les caractérisent. L'épée par excellence de tout le Moyen-Age fut *l'épée d'armes*, épée du cavalier bardé de fer. Sa poignée ne varia jamais. Elle n'avait que les quillons qui, quelquefois, formaient une simple garde à jour. On ne remarque de différence que dans la largeur de la lame qui est uniformément à deux tranchants avec deux arètes saillantes à son milieu, une de chaque

L'épée d'armes ou épée de guerre.

côté. La lame, plus épaisse, est plus lourde et plus forte.

L'estoc ou *épée d'arçon* se portait suspendu à l'arçon de la selle, ce qui n'empêchait pas l'homme d'armes d'avoir l'épée d'armes au côté. L'estoc, dont la poignée est la même que celle de l'épée d'armes, se reconnaît à sa longueur d'abord, mais surtout à sa lame rigide, évidée, et fréquemment quadrangulaire. On sait que frapper d'estoc, c'est frapper avec la pointe. L'estoc faisait donc l'office d'une lance courte et maniable. Quand l'homme d'armes avait assez de l'estoc, avec l'épée d'armes il frappait de taille. Les hommes d'armes des compagnies d'ordonnance avaient l'estoc accroché à un arçon de la selle, la masse d'armes à l'autre, l'épée d'armes à la ceinture et la lance au poing. Henri II le prescrit ainsi dans son ordonnance de 1549 sur ces compagnies. Henri III le rappelle en 1537 et donne l'estoc même à l'archer des compagnies d'ordonnance; et Henri IV, dans son ordonnance de 1600, maintient l'estoc à l'homme d'armes, car, dit-il, « l'espée un peu longuette et roide est fort bonne à cheval. »

L'épée des Lansquenets ou des Suisses, appelée quelquefois *lansquenette*, est très-courte et très-large. Elle n'a que des quillons. La marque la plus caractéristique de cette épée est sa fusée, de forme tronconique, et dont le gros bout, coupé carrément, tient lieu de pommeau. La collection de l'Empereur en possède deux bons types absolument semblables. —

Le braquemart est une épée courte, à lame plate, large et très-tranchante : Il tient le milieu entre l'épée et la dague. On le reconnaît à cela et aussi à sa poignée dont les quillons sont tournés vers la pointe.

— Parmi les épées de ville, à poignées si compliquées, il y avait une variété connue sous le nom de *Verdun*, de la ville où l'on fabriquait sa lame longue et étroite. — *La rapière* était par dessus tout l'arme pour le duel. Sa lame, très-effilée et souvent d'une longueur démesurée, est taillée en carrelet ou triangulaire. La garde fournit une excellente défense pour la main, soit qu'elle soit en berceau, soit que, le plus souvent, elle soit en corbeille ou en panier, hémisphérique, percée d'une infinité de trous destinés à arrêter la pointe de l'épée de l'adversaire, ou repercée à jour. Les quillons sont droits et à l'intérieur de la corbeille qu'ils dépassent. La rapière à été surtout usitée à la fin du XVIᵉ siècle et pendant le XVIIᵉ siècle. On reconnaît la rapière espagnole à une saillie assez forte qui borde la corbeille et qui empêche l'épée, si elle ne s'engage pas dans les trous de la corbeille, de glisser dessus. La rapière italienne n'a pas cette saillie, mais sa corbeille est plus profonde. Les corbeilles des rapières sont souvent ciselées avec un art infini. Les lames en sont toujours très-belles et portent les marques des plus célèbres armuriers.

L'épée wallonne était l'arme de la cavalerie régulière sous Louis XIII et Louis XIV. La lame est droite, large et à deux tranchants. La poignée est formée d'une garde pleine, percée de petits trous et bordée d'un filet rond. Trois branches la relient au pommeau. Nous n'avons rien à dire des épées en usage sous Louis XIV, Louis XV et Louis XVI : elles sont bien connues de tous.

Citons encore les *épées avec pistolet* sur le côté de la lame et les *épées de chasse* dont la lame, qui

---

Marginal notes:

Le verdun.

La rapière.

Comment on reconnaît la rapière espagnole et la rapière italienne.

L'épée wallonne.

Épées avec pistolets et épées de chasse.

se termine en forme d'épieu, porte sur son extrémité les deux arrêts qui caractérisent l'épieu. Le Musée d'artillerie en possède une (J. 174) dont la lame peut rentrer dans son fourreau, et une autre (J. 175) dont la lame se plie en trois au moyen de deux charnières.

L'épée
à deux mains. *L'épée à deux mains* est une des armes les plus curieuses que nous a léguées le Moyen-Age. Il est peu de cabinets d'armes où l'on ne remarque ces armes gigantesques dont les dimensions étonnent et donnent une haute idée des hommes assez vigoureux pour les manier. L'usage de l'épée à deux mains remonte bien plus haut que la seconde moitié du XV⁰ siècle, et ne fut pas particulier aux Suisses, comme on l'a souvent prétendu. Il en est fait mention dans les chroniques du XIV⁰ siècle : Froissart en parle et prouve que les chevaliers ne dédaignaient pas de s'en servir, mais quand ils avaient mis pied à terre. A la bataille de Saint-Tron, les archers bourguignons étaient « embastonnés de grandes espées, et ils donnoyent de si grands coups de celles espées qu'ils coupoient un homme par le faux (milieu) du corps. et un bras et une cuisse. »

Il y avait
des
professeurs
qui
apprenaient
à manier l'épée
à deux mains. — Le maniement de l'épée à deux mains exigeait de l'adresse et une étude approfondie : On en faisait un art, et les habiles « joueurs de l'espée à deux mains » se donnaient en spectacle, comme dans les assauts d'armes de nos jours : « Le suppliant se fust transporté à ung lieu près de Bayeux auquel avoit grand nombre de gens assemblez pour ung jeu publique qui y estoit, cest assavoir de l'espée à deux mains » et encore « estans assemblez en nostre ville de Paris, en lostel de la Pie, près Saint-Gervais,

pour aprandre à jouer et eulx esbatre du jeu de l'espée à deux mains soubz maistre Guillemet de
Montroy » (Lettres de rémission de 1426 et 1450).
— La lame de l'épée à deux mains était large,
plate et d'égale largeur depuis le talon jusqu'à la
pointe, quelquefois même plus large à la pointe
qu'au talon. Elle était toujours à deux tranchants,
parfois seulement pour les deux tiers de sa longueur. La poignée était grande en proportion. La
fusée, très-longue, est recouverte en cuir. La garde
est simple et les quillons, très-longs, sont droits ou
légèrement recourbés vers la pointe. Parfois le
talon est recouvert de cuir et porte deux crocs qui
servent de petite garde. Certaines épées à deux mains
étaient d'une longueur prodigieuse. Archambaud
de Douglas se servait, à la fin du XIVe siècle,
d'une épée « qui avoit d'alumelle (lame) deux aul-
nes, et à peine la pouvoit un autre lever de terre »
(Froissart).

Description d'une épée à deux mains, du XVe siècle, de la fabrique d'armes d'Abbeville. Abbeville (Somme) avait, au XVe siècle, une fabrique d'armes renommée, dont le poinçon était un
A au milieu d'un double filet rond. Notre cabinet
d'armes possède une épée à deux mains qui provient
de cette fabrique. La longueur de la lame, de la
pointe au talon est de 1^m·27^c· ; celle de la poignée, de la garde au pommeau, est de 0^m·52^c·, ce
qui donne 1^m·79^c· pour la longueur totale de l'épée :
c'est une des plus courtes que nous connaissons et
elle est au-dessous de la grandeur moyenne ; ce
qui, ajouté à sa date, le milieu du XVe siècle, et à
sa provenance bien déterminée, en fait une pièce
fort intéressante. La lame plate est à deux tranchants jusqu'à 0^m·8^c· de la garde ; elle n'a pas de

petite garde, et porte quatre gorges d'évidement sur la moitié de sa longueur : elle a 0^m 05$^c.$ de largeur au talon et 0$^m.$ 04$^c.$ à la pointe. Les quillons, droits, mesurent ensemble 0$^m.$ 49$^c.$; ils sont ciselés en torsade à leur extrémité et terminés par des boutons pareils au pommeau, c'est-à-dire en forme de poire et taillés en pointe de diamant à leur partie supérieure. La garde est formée d'une tige de fer tordue en forme de 8 et elle a un grand développement.

L'épée à deux mains à lame flamboyante est appelée flamard. L'épée à deux mains à lame flamboyante est postérieure et se rencontre surtout au XVIe siècle où on l'appelait *flamard*. Cette disposition particulière avait pour but d'empêcher que l'on pût saisir la lame avec les mains. Cette arme, fort lourde et fort gênante, se portait en marche attachée derrière le dos par une courroie qui passait sur les épaules. Elle était encore en usage au commencement du XVIIe siècle, puisqu'une épée de la collection de l'Empereur (N° 318) porte la date de 1603, et une autre, appartenant au Musée d'artillerie (J. 162), la date de 1607.

CHAPITRE VII.

DAGUES ET POIGNARDS.

« Dague est une manière de courte espée, d'un
» tiers presque de la due longueur d'une espée,
» qu'on porte d'ordinaire, non avec pendans de
» ceinture ne pendant du costé gauche pour les
» droictiers ainsi qu'on faict l'espée, ains (mais)
» attachée droite à la ceinture du costé droit ou sur
» les reins ; laquelle ores (tantôt) est large et à poincte
» d'espée, ores est façonnée à deux arestes entre les
» tranchans et à poincte plus aiguë. La dague se
» pouvant aussi nommer poignard est plus courte
» et moins chargiée de matière.... » — Cette description, qui date du commencement du XVIᵉ siècle
(Glossaire de Roquefort), ne laisse rien à désirer,
tant pour l'exactitude que pour la clarté, et elle fait
bien la distinction de la dague et du poignard.

La
miséricorde.

La dague est aussi ancienne que l'épée : dès les premiers temps historiques on se servait de dagues. Elles s'appelaient miséricordes aux XIVe et XVe siècles, parce qu'elles servaient à faire demander quartier et miséricorde à l'adversaire terrassé. Les dagues du XVe siècle, d'une forme toute particulière, sont souvent à rondelles, c'est-à-dire que la main se trouve assujettie entre deux rondelles pleines, dont l'une forme la garde et l'autre le pommeau. On en remarque quatre de ce genre dans la collection de l'Empereur. En dehors de ce modèle, la dague rappelle de tout point l'épée d'armes par la disposition de sa poignée, du pommeau, de la garde simple et des quillons. C'est « une courte espée. » Dans la gaine des dagues du XVIe siècle on voit souvent un petit couteau appelé *bastardeau*.

La dague
à rondelles
du XVe siècle.

La langue
de bœuf.

La *langue de bœuf* était une dague originaire d'Italie, et qui se distingue autant par sa forme étrange que par son extrême richesse. La forme de la lame lui a fait donner le nom qu'elle porte. Elle est plate, très-tranchante sur les deux côtés, plus large que la main au talon et se rétrécissant très-rapidement jusqu'à la pointe, de manière à n'avoir nulle part la même largeur. Cette lame, évidée à compartiments, était très-souvent damasquinée d'or et d'argent. La poignée était le plus souvent en ivoire, enrichie de ciselures sur cuivre, ainsi que le pommeau et les quillons, et portait quelquefois une devise. Sur le N° 329 de la collection de l'Empereur on lit *Heroes efficit sola virtus ;* sur le N° 330, *Deus , in nomine tuo salvum me fac.* Le bastardeau accompagnant la langue de bœuf est non moins riche, avec une poignée en pierre dure, corail,

agathe, etc. Les plus estimées étaient fabriquées
à Vérone.

La
dague suisse.

Les *dagues suisses*, connues sous ce nom dans la
panoplie, étaient celles que portaient les lansquenets
suisses au XVI° siècle. Elles étaient aussi très-riches,
et dans leur fourreau il y avait une trousse complète
avec couteaux, poinçons, etc. Leur fourreau, très-
caractéristique, était orné d'anneaux saillants en
fer découpé. Le pommeau était généralement fourni
par le gros bout de la fusée de forme tronconique.

La dague
dite
main gauche
pour le duel.

On appelait *main-gauche* une dague dont on s'est
servi au XVI° et au XVII° siècle pour les duels. Son
usage était de parer les coups portés par l'épée de
l'adversaire. La lame, le plus souvent plate, tranchante d'un seul côté, ou découpée en dents de scie,
était destinée à arrêter le fer et à le briser. Le talon
de ces lames, très-large, porte un creux pour le
pouce. On tenait donc cette dague la garde en dessous et la pointe en avant. Quelques-unes de ces
dagues ont une garde pleine qui va rejoindre le
pommeau, fréquemment ciselée et repercée à jour,
dans le genre des coquilles de rapières avec lesquelles
elles étaient employées pour le duel. Les quillons,
droits et ciselés, sont très-longs.

La
main gauche
à trois lames.

Notre cabinet et quelques collections possèdent
une variété curieuse de mains-gauches. La lame est
divisée en trois lames, réunies ensemble, mais qui
se séparent quand on pousse un bouton placé au
talon, qui fait mouvoir un ressort à paillette. Il y
en a dont les lames portent plusieurs gorges d'évidement très-profondes, entièrement repercées à jour,
sur toute leur longueur. Dans les dagues où la cavité
pour le pouce n'existe pas, elle est remplacée par un

petit anneau placé derrière la garde. On s'est servi de la main-gauche jusqu'à la fin du règne de Louis XIII ; mais elle ne faisait plus partie du costume, pas plus que la rapière de duel.

Les dagues de formes exceptionnelles. Parmi les dagues de forme exceptionnelle, il faut citer les N^{rs} J. 494 et 495 du Musée d'artillerie ; la première a sa lame en deux parties, l'une renferme un pistolet dont la platine est placée au talon, l'autre fournit la pointe et entre dans le canon du pistolet. Elle est du milieu du XVIe siècle. C'est la première idée de la baïonnette qui fut réalisée et appliquée un siècle plus tard. La seconde, de la même époque, a une poignée qui peut servir de chargette pour mesurer une charge de poudre : les quillons sont droits, et l'un d'eux sert de clef pour remonter le rouet d'un pistolet ou d'une arquebuse.

CHAPITRE VIII.

ARMES D'HAST.

Nous comprenons, sous ce titre, *la lance*, *le fléau d'armes*, *la masse d'armes*, *le marteau d'armes*, *la hache d'armes*, *la guisarme*, *la bissague*, *la hallebarde*, *la pertuisane*, *le fauchart*, *le vouge*, *le couteau de brèche*, *le roncone*, *le godendart*, *la corsesque*, *la pique*, *la fourche de guerre*, *l'esponton et l'épieu*.

LA LANCE.

Divisions de la lance.

Dans la hampe de la lance on distingue quatre parties : 1° la poignée resserrée entre deux renflements pour préserver et assujettir la main ; 2° le talon, au-dessous de la poignée, qui est plus gros qu'elle et se termine en pointe ; 3° les ailes, renflement de bois au-dessus et au-dessous de la main, à chaque extrémité de la poignée ; 4° la flèche,

7

c'est-à-dire tout l'espace compris entre les ailes et
le fer, et qui va toujours en diminuant. La lance
était ordinairement en bois de frêne qui était raide
et léger ; on en faisait pourtant aussi en bois de
pin, de tilleul, de sycomore et de tremble. La
lance dite *de paix* ou *courtoise*, qui servait pour
les joutes, ne différait de la lance de guerre que
par la forme du fer. Jusqu'en 1340 environ, la lance
avait été partout d'égale grosseur et avec un fer
court ; à cette époque il se fit dans la fabrication
de cette arme une révolution complète ; le fer
s'allongea et s'aiguisa de manière à ressembler
à un poignard. La lance devint alors *le glaive*,
nom sous lequel Froissart la désigne habituelle-
ment, en faisant remarquer que les fers les plus
estimés étaient ceux de Bordeaux, du Poitou et
de Toulouse. La longueur du bois de la lance varia
entre douze et quatorze pieds, « du rocquet que
XI piés jusqu'à l'arrest » selon Merlin de Cordebeuf,
en 1450. Mais, d'après un écrivain anonyme, de
1446, la longueur réglementaire était, pour la
lance de joute, de treize pieds depuis le fer jusqu'à
l'arrêt ou grappe, c'est-à-dire jusqu'à l'endroit où
elle reposait dans le faucre. En évaluant à deux
pieds ce qui dépassait le faucre, en arrière, cela
donnerait à la lance, fer compris, une dimension
totale de quinze pieds.

En même temps que le fer s'allongeait, la flèche
devenait plus épaisse et s'élargissait toujours, depuis
le fer jusqu'aux ailes. A cet endroit on adapta
dès lors une rondelle de métal d'un plus ou moins
grand diamètre, qui servait de garde et protégeait
la main et l'avant-bras bien plus efficacement que

*De quel bois
la lance
était faite.*

*Longueur
de la lance.*

*L rondelle
de la lance.*

n'auraient pu le faire les ailes. Cette rondelle a subi, au Moyen-Age, diverses modifications, et ses dimensions ont varié fréquemment. Tantôt elle couvrit la main, tantôt la main et l'avant-bras. A la fin du XV° siècle, dans les tournois elle était devenue une espèce de bouclier et couvrait même l'épaule. Avec l'armure de guerre, par suite du perfectionnement de l'armure du bras droit et de la rondelle mobile du plastron, qui descendait sur la lance, ou du gousset de mailles, on n'avait besoin que de garantir la main qui se trouvait ainsi emboîtée entre la rondelle de la lance et celle de l'épaule. La rondelle de lance n'avait donc alors, suivant un texte de 1446, que « ung demi-pié » de diamètre, c'est-à-dire 0^{m.} 16^{c.} environ. Elle était en acier et doublée intérieurement d'un matelas de bourre feutrée de trois doigts d'épaisseur, cousue entre deux cuirs.

On avait désappris, au XV° siècle, le maniement de la lance. On conçoit combien une arme semblable devait être embarrassante et difficile à manœuvrer. L'habitude contractée par les chevaliers, à la fin du XIV° siècle et pendant la moitié du XV° siècle, de combattre à pied, en « retaillant les glaives à cinq pieds » c'est-à-dire en diminuant les lances de cinq pieds, avait deshabitué du maniement de la lance : « entre Bourguignons, — dit Philippe de Commines en 1460 — lors estoient les plus honnorés ceux qui descendaient de cheval avec les archiers et toujours s'y en mettoient grande quantité de gens de bien. » Aussi n'y eut-il rien d'étonnant qu'à la bataille de Monthléry, selon le même chroniqueur, « de douze cents hommes d'armes environ qui y estoient, y en eut cinquante qui eussent sçu coucher une lance en arrêt. »

Lance de joûte, dite lance de rochet, de paix ou courtoise.

On donnait le nom de *rochet* au fer de lance usité pour les joutes, et de *lance de rochet* à celle qui était armée de ce fer. Il se composait de trois pointes placées en triangle sur une plaque de fer et espacées de $0^m \cdot 05^c \cdot$ au plus. Lorsque les pointes étaient trop rapprochées, le fer devenait, à ce qu'il paraît, plus dangereux, et on faisait difficulté de l'admettre pour les joutes : « et l'autre fut un fer à quatre pointes fort closes (peu écartées), et luy fut dit qu'il nestoit pas commun à faire armes, ne passable devant juge ne en champ clos » (Olivier de La Marche, tournoi de Jacques de Lalain et de Jean de Bonifacio, en 1446). Il y avait des fers plus inoffensifs, qui avaient la forme d'une tulipe, ou d'une « platine de fer plate, à trois têtes de clous gros et courts en façon de diamants » (Olivier de La Marche. Pas d'armes de la Fontaine de Pleurs, à Châlon-sur-Saône, en 1449). La lance courtoise, dont Merlin de Cordebeuf recommandait l'usage aux chevaliers errants, en 1450, devait être armée ainsi : « au lieu de rochet, y aura boeste de fer à trois grains d'orge gros come trois petiz doiz, et ne seroient point d'acier ne trempez, mais bruniz et les plus clers qu'on les pourra faire. »

On ne rencontre jamais, dans les collections publiques ou particulières, des spécimen de la lance de guerre ou de la lance de joute. — Tout au plus remarque-t-on, comme dans le Musée d'artillerie, des lances de carrousels, pour courir la bague, sous Louis XIII.

L'usage de la lance a cessé en France, en 1605,

lorsqu' Henri IV réorganisa les compagnies d'hommes d'armes des ordonnances qui, jusqu'à cette époque, avaient conservé cette arme.

LE FLÉAU
D'ARMES.

Le fléau d'armes se compose d'une hampe très-courte, revêtue de fer sur une assez grande partie de sa longueur, terminée par une chaîne qui soutient une boule de fer, hérissée de pointes, et quelquefois une barre de fer quadrangulaire. Le nombre des pointes de la boule varie, quelquefois cinq seulement, quelquefois dix et plus. Le Musée d'artillerie en possède quatre, deux à boules et deux à barres de fer. Très-usités au XIVᵉ siècle, les fléaux d'armes ont disparu au XVᵉ siècle. C'est une arme très-rare dans les collections.

LA MASSE
D'ARMES.

C'était une des armes réglementaires des compagnies d'ordonnance, depuis leur création par Charles VII jusqu'à la fin du XVIᵉ siècle. On la portait suspendue à l'arçon de la selle, en regard de l'épée d'arçon. C'était, au bout d'une hampe soit tout en fer, soit en fer avec une poignée en bois, une olive munie de six ou sept ailes découpées, pleines ou à jour, armées chacune d'une pointe au centre. Les pointes étaient plus ou moins saillantes, selon que les ailes étaient plus ou moins échancrées. On déployait beaucoup de luxe et une grande fantaisie dans la fabrication de la masse d'armes. A celles du XVᵉ siècle (Musée d'artillerie, K, 33.) il y avait une rondelle en fer à la poignée, pour la défense de la main. Cette rondelle n'existe plus au XVIᵉ siècle; le manche est alors tout en fer et souvent ciselé en torsade : celui du nᵒ K, 36, du Musée d'artillerie, en cuivre doré, représente des masques argentés en ronde bosse, se détachant sur un fond d'ornement en bas-relief. Le même Musée garde deux spécimens, très remarquables, de *la masse d'armes à pistolet à rouet*. Dans ces armes la poignée est garnie d'une sorte de tambour qui contient le rouet du pistolet dont le canon est ménagé dans la hampe de la masse.

LE MARTEAU D'ARMES.

C'est une arme particulière aux XIV° et XV° siècles, surtout au XIV° siècle. On distinguait celui qui servait pour combattre à pied de celui du cavalier à la plus grande longueur de son manche. Il y en avait de fort pesants, témoin celui de Tommelin Bellefort, au combat des Trente, qui pesait vingt-cinq livres. Le marteau d'armes était fréquemment pourvu d'un crochet de ceinture pour le fantassin, d'un anneau pour le cavalier. Parfois il réunit tous les deux. Le marteau d'armes se compose, d'un côté d'un marteau ou maillet taillé à pointes de diamant, de l'autre d'un bec à corbin ou bec de faucon, c'est-à-dire une pointe recourbée, ronde ou quadrangulaire, plus ou moins longue, et enfin, au-dessus, formant la croix avec ces deux pièces, d'une pointe en forme de fer de lance. La hampe est comme dans les masses d'armes, soit revêtue de fer à l'exception de la poignée, soit tout en fer. Cette sorte d'armes est généralement très-simple et sans aucun ornement. Cela s'explique par l'époque à laquelle on en faisait usage. Le Musée d'artillerie n'en possède pas moins de quinze types, tous à peu près semblables. C'est, en tout cas, une pièce rare. — Au XV° siècle, d'après les choniqueurs et notamment

Olivier de La Marche, on la voit surtout employée dans les pas-d'armes.

LA HACHE D'ARMES.

Elle est disposée absolument comme le marteau d'armes, avec cette différence que le marteau est remplacé par une hache. De l'autre côté est le bec de faucon ou un marteau. La hache d'armes européenne, des XIV°, XV° et XVI° siècles, n'a de tranchant, de hache que d'un seul côté. La hampe est la même que pour les masses et les marteaux, terminée par un fer de lance et quelquefois par un autre fer de lance à la poignée. Comme on se servit encore pendant tout le XVI° siècle de la hache-d'armes, on en trouve de très-belles et très-riches qui appartiennent à cette époque : Le Musée d'artillerie possède les haches d'armes de François II, dernier duc de Bretagne, et d'Edouard IV, roi d'Angleterre. — La célèbre hache de Lochaber, arme nationale des Ecossais, dont ils ont fait usage depuis les temps les plus reculés jusqu'au siècle dernier, se distingue par un tranchant presque circulaire, et la pointe inférieure du fer est liée à la hampe ronde par deux branches.

LA BISSAGUE.

Cette arme n'est connue que par les anciens auteurs. Elle était « par les deux becs aiguë » dit un poëte en 1375. Cela peut s'entendre de deux manières : aiguë, c'est-à-dire tranchante ou pointue. Dans le premier cas c'eût été une hache à deux tranchants, dans l'autre un marteau-d'armes à deux becs de faucon.

LA GUISARME.

Elle a beaucoup d'affinité avec la hache-d'armes

et servait aux fantassins; par conséquent elle avait un manche aussi long que celui des hallebardes; d'un côté était une hache, de l'autre un croc recourbé, et enfin un fer de lance la terminait dans le prolongement du manche. La guisarme était, à proprement parler, la hallebarde de guerre aux XIVᵉ et XVᵉ siècles. Il en existe quelques unes dans les collections du Musée d'artillerie où on les a classées parmi les hallebardes.

LA HALLEBARDE. Arme de guerre et de parade, qui a passé des mains des fantassins à celles des soldats chargés de la garde intérieure des palais de nos rois, pour tomber enfin dans celles des *officiers* des églises. C'est sous Louis XI que l'on vit les premières hallebardes portées par les Suisses. Ce prince « fit faire à Angers et autres bonnes villes, *de nouveaulx ferremens de guerre appelés hallebardes.* » (Le Président Fauchet). Les hallebardes primitives portaient une hache d'un côté, une pointe de l'autre, et un fer en forme de longue pointe quadrangulaire. La hampe était en bois, ornée de clous de cuivre formant des rosaces et des dessins. La forme du fer de la hache a beaucoup varié; on le voit droit, très-recourbé, parfois concave et en forme de croissant. Le fer de la pique était arrêté par un bouton plus ou moins richement orné. Ce fer était ou quadrangulaire, ou plat, ou en feuille de sauge, ou flamboyant. Toutes les hallebardes sont ou gravées ou découpées et repercées à jour. On y remarque très-fréquemment des dates, des armoiries et des devises. La hallebarde de la garde suisse, sous Louis XIV (Musée d'artillerie, K, 140), avait le fer de la pique flamboyant, le fer de hache à tranchant rectiligne, la seconde aile découpée en forme de trident dont deux branches sont flamboyantes. Le soleil, emblême de Louis XIV, est placé au centre du fer. Sous Louis XIII, Louis XIV et Louis XV, la hallebarde était portée par les sergents des régiments d'infanterie.

LA PERTUISANE. La pertuisane se distingue facilement de la hallebarde. Son fer de pique porte seulement deux ailerons, en forme de demi-croissants, montant vers la pointe du fer. Avec la hallebarde on frappait d'estoc et de taille. Avec la pertuisane on ne frappait que d'estoc. La lame est plate, quelquefois flamboyante. On y remarque toujours des gravures, des emblêmes héraldiques, et souvent des dates et des devises. On s'est servi de pertuisanes jusqu'à la fin du XVIII° siècle. Celle des gardes de la Manche de Louis XIV avait sa lame repercée à jour, avec l'image du soleil entouré de la devise : *Nec Pluribus Impar*, et la figure d'Apollon sur son char attelé de quatre chevaux et accompagné de la Victoire. Celle des Suisses de la garde, à la même époque, avait une lame flamboyante., à arêtes saillantes, et des ailerons sans pointe, avec les bords dorés et l'effigie du soleil, également dorée. Celle de la garde, du règne de Louis XVI, avait la lame flamboyante, à arête. Sur les deux ailerons, petits, larges et recourbés, sont les armes de France damasquinées en or. (Musée d'artillerie, K, 189, 190, 195).

LE FAUCHART. C'est une arme en forme de serpe, avec une pointe à la partie supérieure et une autre pointe placée à angle droit sur le dos de la lame. Cette lame est très-longue et très-pesante. A son extrémité elle représente une fleur de lys coupée par le milieu. La douille porte souvent deux petits crochets. Très-simple au XIV° et au XV° siècle, le fauchart qui s'est perpétué en Italie au XVI° siècle, devient alors orné comme les hallebardes.

LE RONCONE.   Arme italienne, qui se rapproche beaucoup du fauchart. Sa lame, d'une très-grande dimension, ne porte pas de crochet auprès de la pointe, et celui qui est au dos de la lame, est placé dans le sens de la lame. Le Musée d'artillerie en possède un du plus admirable travail, entièrement gravé et damasquiné d'or et d'argent, aux armes du cardinal Borghèse qui fut le pape Paul V (K, 151). Dans la collection de l'Empereur on en remarque quatre entièrement semblables, ornés des armes de Bourbon brisés d'une cotice de gueules. On suppose qu'ils ont appartenu aux gardes du connétable de Bourbon.

LA FAUX DE GUERRE.   De la même famille que le fauchart et le roncone. Celles que l'on connaît, par leur extrême simplicité, par leurs fers grossiers et noircis, prouvent que c'était plutôt l'arme du paysan que du soldat.

LE VOUGE.   On ne rencontre presque jamais dans les collections cette arme usitée aux XIV° et XV° siècles par l'infanterie et les archers. Le fer, en forme de pique, était tranchant d'un côté. Il portait à la douille une rondelle de fer (Musée d'artillerie, K, 152).

LE COUTEAU DE BRÈCHE.   Grande lame, plate, tranchante d'un seul côté,

avec un dos épais, exactement de la forme de la lame
d'un couteau. Il y avait beaucoup d'affinité entre le
vouge et le couteau de brèche. Peut-être même est-
ce la même arme qui a changé de nom. Ces armes
étaient souvent richement ornées d'écussons et de
devises.

LE
GODENDART.
« Le baston que l'on appelle godendart est à la
façon d'une pique de Flandre, combien que le fer
est un peu plus longuet. » C'est en 1417 qu'on
s'exprimait ainsi. C'est donc une pique avec une
pointe et un crochet, une sorte de fauchart. On s'en
servait aux XIV° et XV° siècles.

LA CORSESQUE
On croit qu'elle devait son nom à l'infanterie
corse et italienne, qui en a surtout fait usage au
XVI° siècle. C'est « une javeline ayant le fer long
et large, à deux oreillons » (Cérémonial Français).
C'est la pertuisane avec des ailerons extrêmement
développés et terminés par un ongle en fer. Arme
d'estoc, à cause de sa longue pointe, la corsesque, à
l'aide des ongles de ses ailerons, servait à démonter
les cavaliers en les saisissant par une partie saillante
de leur armure.

LA PIQUE.
« La pique, de laquelle si les Suisses n'ont été
les inventeurs, si l'ont-ils pour le moins remis en
usage. » C'est donc, comme pour la hallebarde,
aux Suisses au service de la France, sous Louis XI,
que l'on doit la réapparition de cette arme en
France. Elle s'y est conservée jusqu'au XVIII°
siècle, mais à grand'peine, car les soldats « ont
toujours eu de la peine à s'accomoder de la pique, »

dit le père Daniel. Sous Louis XIII, la pique n'avait pas moins de dix-huit pieds de longueur. Sous Louis XIV on la raccourcit, et elle prit le nom L'ESPONTON. *d'esponton* ou *demi-pique*. Les officiers d'infanterie, qui, en grand uniforme et à la tête de leurs troupes, étaient les seuls à porter la pique, l'abandonnèrent à la fin du XVII⁰ siècle pour l'esponton qu'ils conservèrent jusque sous le règne de Louis XVI. Le fer de la pique et de l'esponton, plat, avec deux petits oreillons, était le diminutif de celui de la pertuisane. Ces espontons d'officiers portaient sur le fer, d'un côté un soleil, de l'autre les armes de France. Ceux d'officiers des Gardes-Françaises, sous Louis XVI, portaient sur le fer noirci un semé de fleurs de lys d'or. (Musée d'artillerie, K. 227). La pique fut supprimée comme arme de guerre, pour les soldats, par ordonnance royale de 1708. C'est à partir de cette époque que la demi-pique ou esponton fut attribuée aux officiers comme un insigne de leur grade.

LA FOURCHE DE GUERRE. Cette arme, connue dans les chroniques du XIV⁰ et du XV⁰ siècle, sous le nom de *fourche fière*, n'était rien autre qu'une grande fourche dont la douille était munie d'un seul ou de deux crochets recourbés vers la hampe. Elle servait donc à piquer et à attirer à soi. C'était surtout une arme de siége. Sous Louis XIV elle distinguait les sous-officiers des compagnies de grenadiers du régiment Dauphin, puis du régiment du Perche, formé de la moitié du régiment Dauphin, en mémoire d'un fait d'armes accompli par ce régiment le 1ᵉʳ avril 1691 au siége de Mons, en prenant d'assaut une redoute

et en s'emparant des fourches des Autrichiens.
Le Musée d'artillerie (K. 231) possède une de ces
fourches d'uniforme, en même temps que dix autres
dont la plus ancienne date de la fin du XV⁰ siècle.
La collection de l'Empereur en renferme également
une du XVII⁰ siècle.

L'ÉPIEU. L'épieu était une arme de chasse. Son fer, large,
épais, court, est en forme de feuille de sauge. A la
douille on remarque une barre de fer transversale
formant arrêt, et nommée *arrêt* et plus anciennement *la croix*, parce qu'en effet elle forme une
croix avec le fer. Cet arrêt est souvent mobile
autour de la douille et s'y attache au moyen
d'une chaîne. La hampe était revêtue de cuir
découpé et tressé, fixé par des clous de cuivre.
Les épieux étaient fréquemment richement gravés
et damasquinés. On en voit (Musée d'artillerie)
dont la hampe est compliquée d'un, de deux ou de
trois pistolets à rouet (collection de l'Empereur).
Cette arme servait pour la chasse du loup et du
sanglier, du cerf et de l'ours, enfin de tout le gros
gibier qui pouvait faire tête au chasseur.

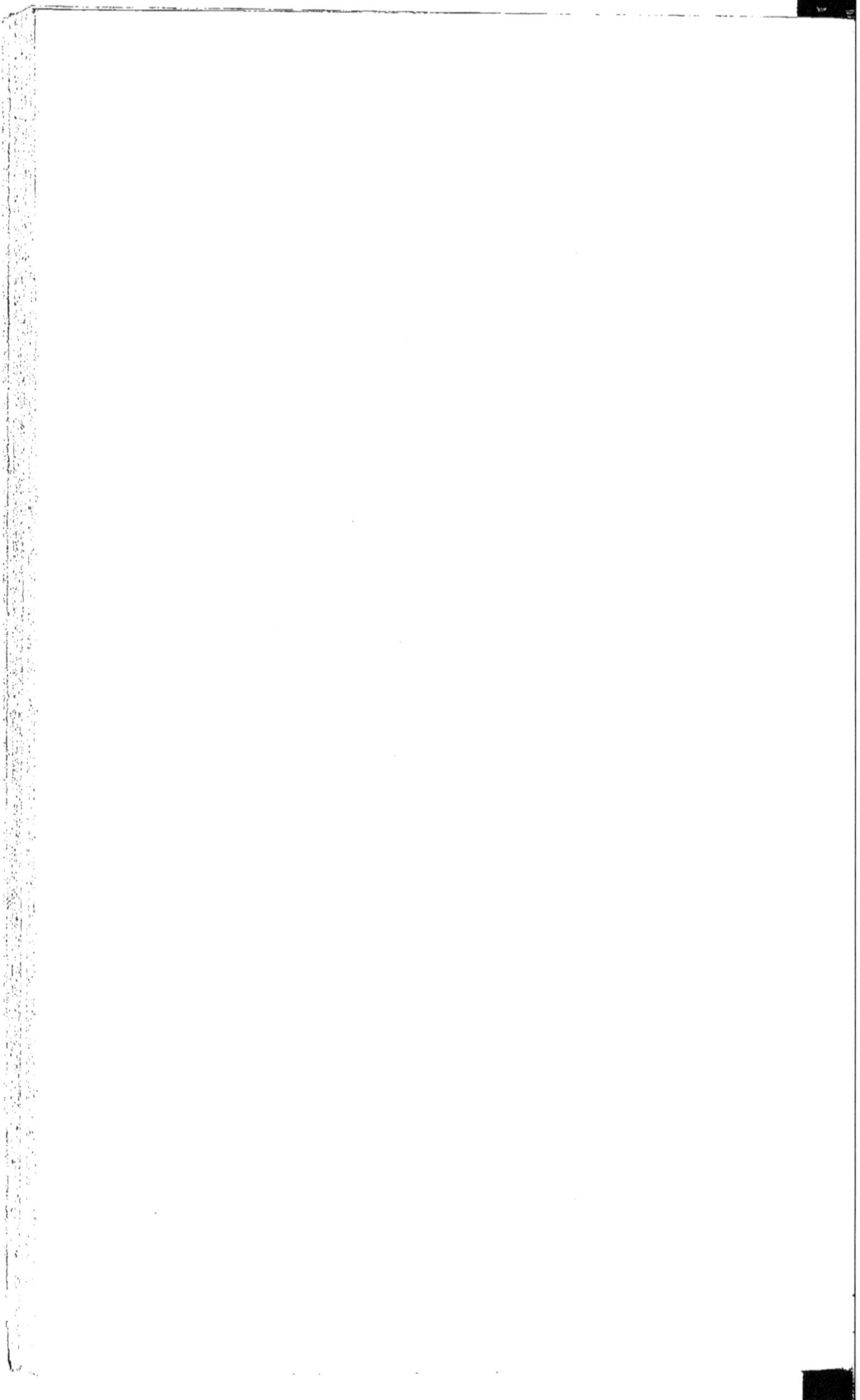

CHAPITRE IX.

ARMES DE JET.

L'ARC. Depuis les premiers âges jusqu'au XVI⁰ siècle, l'arc a été l'arme favorite d'une certaine portion des gens de pied, l'arme la plus efficace dans les batailles, et qui, chez certains peuples, chez les Anglais principalement, était devenue l'arme nationale en même temps que l'engin de guerre le plus redoutable.

Comment l'arc était fait. Au XIV⁰ siècle et dans les siècles antérieurs, on se servait en France d'arcs en érable, en bois de viorne (Jean de Garlande), et en aubier (du Cange). Au milieu du XIV⁰ siècle l'archer français était armé d'un petit arc à la Génoise, fait d'une pièce de bois très-épaisse et très-courbée, et par conséquent avec une corde très-courte. La force de projection n'étant pas grande, il fallait tirer de très-près, et les archers français ou Génois avaient un désavantage trop marqué contre les Anglais dont les arcs avaient six pieds de hauteur. Depuis **Dimension des arcs.** 1350, donc, l'arc français alla en s'agrandissant, et, dès les premières années du XVᵉ siècle, il avait atteint les mêmes proportions que celui des Anglais; à leur exemple le bois d'if avait été préféré à tous les autres. Mais il était une chose que les archers français n'avaient pu emprunter à leurs **Adresse des archers d'Angleterre.** voisins d'Angleterre, c'était leur adresse proverbiale à se servir de l'arc. Lorsqu'Edouard Iᵉʳ partit pour l'Ecosse, en 1306, il avait avec lui de nombreux archers, si adroits qu'ils perdaient rarement une de leurs douze flèches, et disaient, en plaisantant, qu'ils avaient douze écossais dans leurs trousses. Ils s'exerçaient déjà à tirer les jours de fête, et ne pouvaient viser un but éloigné de moins de deux cent vingt verges. On faisait peu de cas, en Angleterre, d'un homme qui ne tirait pas douze flèches à la minute et qui manquait un homme à deux cent quarante verges. (Lingard, Hist. d'Angleterre).

Progrès du tir de l'arc en France et motifs de sa décadence. Après la défaite de Poitiers, on s'occupa sérieusement en France de l'organisation des archers, et l'on avait déjà acquis d'importants résultats, quand l'influence de la noblesse, jalouse et inquiète de cette grande force que l'on mettait aux mains des roturiers, arrêta ce mouvement dans son essor. « En peu de temps les archers de France furent tellement duits (habiles) à l'arc, qu'ils surmontaient à bien tirer les Anglais; et, en effet, si ensemble se fussent mis, ils eussent esté plus puissans que les princes et les nobles, et pour ce

fust enjoint par le Roy qu'on cessast. » (Juvénal
des Ursins). Depuis lors, il fut de moins en moins
question des archers en France, et les derniers
que l'on y connaisse sont les archers à cheval des
compagnies d'ordonnance, qui étaient pour la plupart des gentilshommes aussi bien que les hommes
d'armes eux-mêmes. En Angleterre, l'emploi de
l'arc dans les armées se maintint jusqu'au milieu
du XVII⁰ siècle. Au siége de la Rochelle, en 1627,
il y avait encore des archers anglais.

De combien de flèches était garnie la trousse d'un archer. D'un projet d'ordonnance du bailli de Mantes sur
l'organisation des Francs-Archers au milieu du
XVᵉ siècle et que nous avons déjà eu l'occasion de
citer ici, il résulte que les archers devaient avoir
chacun au moins dix-huit flèches. Les archers anglais en avaient toujours vingt-quatre. En Angleterre, au XVᵉ siècle, un lot de vingt-quatre flèches
à pointes aiguisées se vendait communément 1
shilling 2 pences; non aiguisées, 1 shelling.

Les flèches, leur façon, et les différentes espèces de fers. Les flèches étaient en bois de frêne, et empen-
nées de plumes de poule, de paon ou de cygne. Les
carreaux d'arbalète, seuls, étaient empennés de
fer, de cuir ou de bois. Le fer des flèches a bien
souvent varié de forme ou de longueur. Il y avait
« les saëtes, eslingues, passadouz, dardes, gour-
gons, songnoles, panons ou penons, raillons, bar-
billons, (fers barbelés), paonnets, frêtes…. » Chacune de ces espèces tirait son nom de la forme du
fer qui était pointu, carré, plat, arrondi ou triangulaire. Il y avait des flèches dans le fût ou hampe
desquelles le fer était inséré : il y en avait d'autres,
au contraire, dont le fût était inséré dans le fer;
dans la plupart le fer tenait fortement à la hampe;

8

mais, par un raffinement barbare, dans quelques-unes le fer tenait si peu qu'en arrachant la hampe, on laissait le fer dans la blessure. Au XVᵉ siècle on mouillait de salive le fer afin d'envenimer les blessures faites par lui (Monteil). « Les fers à deux tranchans en forme de barbeleure » (Traité de 1446, déjà cité) étaient les plus usités. Ce sont ceux dont on a retrouvé tant de modèles sur les champs de bataille d'Azincourt, de Crécy et dans toutes les parties de la Picardie qui ont été le théâtre de luttes partielles ou de batailles rangées, au XVᵉ siècle. La hampe de la flèche était d'une longueur considérable. Lingard donne aux flèches anglaises une longueur moyenne d'un mètre. Quand on adopta en France l'arc anglais, on adopta également les flèches d'Angleterre.

La trousse de l'archer. Le mot *trousse* est improprement employé en parlant de l'archer. La trousse appartenait exclusivement à l'arbalétrier. L'archer portait ses flèche bottelées à la ceinture et réunies dans une sorte d'anneau rond, en cuir ou en métal, qui les maintenait à peu près horizontalement, la pointe en avant.

La trousse de l'arbalétrier. La trousse était un étui rond ou carré, ou plus large du haut que du bas, que l'arbalétrier attachait à sa ceinture et dans lequel il mettait ses carreaux perpendiculairement la pointe en bas; c'est le carquois des orientaux. On s'explique fort bien que les archers n'aient pu se servir pour leurs flèches d'un semblable étui : la longueur de la flèche était telle que la trousse, battant les jambes de l'archer, serait devenue pour lui un véritable obstacle pour la marche ou la course. L'archer d'ailleurs, au moment de combattre, jetait à terre son paquet de flèches et les ramassait à mesure qu'il en avait besoin. L'anneau ou courroie de ceinture ne lui servait donc qu'à les rassembler au moment de se remettre en marche.

L'ARBALÈTE. Si l'arc l'emportait sur l'arbalète pour la rapidité du tir, et pour la plus grande facilité de détacher la corde et de l'abriter, ce que l'on ne pouvait faire avec l'arbalète où la corde était fixée à demeure et se détendait à la pluie, s'il était léger et portatif, l'ar- balète avait bien aussi de grands avantages : elle était lourde, lente et difficile à manœuvrer, à ce point qu'elle ne jetait que trois carreaux contre dix flèches lancées par un arc, mais ces trois carreaux frappaient le but à de bien plus grandes distances, avec bien plus de force et bien plus de précision. L'arbalète était sous ce rapport à l'arc comme le fusil rayé est au fusil à canon lisse. A cause de sa pesanteur croissante, de la complication également croissante de son mécanisme et de la lenteur rela- tive de son tir, l'arbalète était devenue, dès le mi- lieu du XVe siècle, plutôt une arme de rempart qu'une arme de guerre. Les Génois et les Gascons étaient réputés les plus habiles dans le maniement de cette arme. L'usage de l'arbalète fut défendu par le second concile de Latran, en 1139, excepté contre les infidèles. Vers 1198, Richard Cœur-de-Lion rendit cette arme aux gens de pied de son armée, malgré un nouveau bref d'Innocent III, renouvelant les prohi- bitions de 1139. Devenue depuis lors un des plus redoutables engins de guerre, l'arbalète ne cessa de servir dans les batailles qu'au milieu du XVIe siècle.

L'arbalète comparée à l'arc, pour la rapidité et la or ée du tir.

L'arbalète est interdite par .es conciles.

Les traits dont on faisait usage avec l'arbalète, s'appelaient *carreaux*, de la forme quadrangulaire de leurs fers, et *viretons*, de la disposition des ailettes, qui étaient parfois légèrement tordues en hélice pour donner au trait le mouvement de rotation qui augmentait la portée et la justesse du tir. Les ailettes des traits d'arbalète étaient toujours en bois léger ou en cuir, placées parallèlement à l'axe de la hampe. Cette hampe était fort courte, ainsi que le fer. Les traits d'arbalètes de chasse, nommés *matras*, étaient terminés carrément afin d'assommer les animaux dont le sang aurait pu souiller la fourrure ou le plumage. Ces carreaux étaient souvent très-finement damasquinés, et leur hampe portait des incrustations d'ivoire et d'ébène. Inutile de dire qu'on les ramassait après avoir tiré.

Il y avait donc les arbalètes de guerre et celles de chasse. Les *arbalètes de guerre* comprenaient plusieurs espèces ; l'arbalète *à pied de chèvre* ou *de biche*, *l'arbalète à cric*, *l'arbalète à tour*, *l'arbalète de passe ou de passot*. — Les deux premières pouvaient également servir pour la chasse, mais celles qui étaient spécialement destinées à la chasse et ne servaient que pour elle. étaient *l'arbalète à jalet* et *l'arbalete à baguette*.

L'arbalète se compose d'un arc en acier fixé sur un fût en bois nommé *arbrier*; sur l'arbrier règne une rainure qui reçoit le trait et le dirige à son départ. On appelle *noix* un disque circulaire, en os ou en ivoire, pourvu de deux encoches, dont l'une reçoit la corde quand elle est tendue, et l'autre sert d'arrêt à la détente. Quand on touche à la détente, la noix fait un mouvement et lâche la corde qui chasse le trait. Derrière la noix se trouve un ressort qui, par une légère pression sur le trait, l'empêche de tomber quand on incline l'arbalète. L'arbrier porte deux renforts, à la noix et à l'arc, aux deux points sur lesquels il doit offrir le plus de résistance, tandis que la crosse est toujours droite et légère. Quand l'arbrier est simple, il est toujours en bois de poirier ou d'if, mais on a déployé presque toujours un grand luxe dans la fabrication de cette arme ; on en voit fréquemment dont l'arbrier est en ébène incrusté d'ivoire, dont l'arc est damasquiné et garni de floches de soie aux deux extrémités. Toutes celles du Musée d'artillerie, au nombre de 78, et celles de la collection de l'Empereur, au nombre de 10, sont plus richement décorées les unes que les autres.

Arbalète à pied de chèvre ou de biche. Elle est ainsi nommée de l'appareil qui servait à la tendre et que l'on appelle *pied de chèvre* ou *pied de biche*. C'est un levier articulé composé de trois parties, le *manche*, la *grande fourche,* dont les deux branches recourbées en crochet s'arcboutent contre des tourillons placés à l'arbrier ; *la petite fourche,* mobile autour de deux pivots fixés aux branches de la grande fourche. On engage les deux branches de la grande fourche dans les tourillons ; on place la corde dans les branches de la petite fourche, on ramène fortement en arrière le grand bras du levier, qui, en rejoignant la grande fourche, attire la corde et la place dans le cran de la noix. L'arbalète est bandée. On défait alors le pied de biche qui se portait à la ceinture au moyen d'un crochet. Dans cette arbalète, le lien qui attache l'arc à l'arbrier est en fer.

Arbalète
à cric.
L'arc de cette arbalète est maintenu sur l'arbrier par une couronne en corde, à cause de la plus grande puissance de la tension. Un lien rigide en fer, ne se prêtant pas et dépourvu d'élasticité, aurait amené fréquemment la rupture de l'arbrier. Le cric est également maintenu sur l'arbrier par une couronne en corde très-forte, engagée dans les tourillons. C'est un pignon ou roue dentelée enfermée dans une boîte de fer de forme ronde. Une manivelle fait tourner le pignon ; les dents s'engrènent dans une crémaillère dont les crochets saisissent la corde ; en la tournant on amène la corde dans l'encoche de la noix. Il faut détourner alors et retirer la crémaillère et la corde qui se suspendent à la ceinture de l'arbalétrier. Cette arbalète, ordinairement très-courte, pouvait servir à cheval.

Arbalète
à
tour, de passe
ou de passot.
Elle ne pouvait servir que pour les gens de pied et pour les siéges, car elle était longue, lourde, et d'un mécanisme très-compliqué. C'était celle dont la portée était la plus grande et la force de projection la plus considérable. L'arbrier, très-long, est terminé à son extrémité, derrière l'arc, par un étrier en fer dans lequel le soldat mettait un pied pour maintenir l'arme debout, et pour avoir plus de force, car il avait besoin des deux mains pour faire tourner la manivelle qui a deux poignées et deux branches. Il engageait au talon de l'arbrier un treuil mu par des manivelles à poignée et une poulie. Un crochet saisit la corde de l'arc et fait partie d'une moufle dont la corde s'enroule sur le treuil. La corde des moufles part du crochet du treuil et s'enroule plusieurs fois autour des poulies, et elle revient se fixer au treuil. En faisant tourner la manivelle ces cordes

se tendent, s'enroulent et amènent la corde de l'arc sur la noix.

Arbalète à jalet. Cette arbalète ne servait qu'à lancer des balles de plomb ou de terre glaise. Elle se tendait à la main, et l'arbrier est toujours cintré pour faciliter ce mouvement. Au centre de la corde, à la partie qui correspond à la noix, elle forme une sorte de poche pour recevoir le projectile. C'est surtout dans ces armes, très-légères, que l'on remarque le plus de richesse. Il y en a une au Musée d'artillerie (L. 57) dont l'arbrier, en bois d'if sculpté, représente un monstre poursuivant un léopard, et dont toutes les garnitures sont en argent ciselé et damasquiné. Celle, N° 429, de la collection de l'Empereur, dont l'arbrier représente une chimère ailée, avec des masques et des mascarons, a les garnitures en acier damasquiné d'or sur fond noir. Il faut citer encore celle de Catherine de Médicis qui est conservée dans le Musée des Souverains.

Arbalète à baguette. Cette sorte d'arbalète n'a été employée qu'aux XVIIe et XVIIIe siècles. Sur l'arbrier est fixé un canon partagé sur les deux côtés par une coulisse dans laquelle glisse la corde de l'arc. Pour tendre cette arbalète on se servait d'une baguette à poignée qu'on enfonçait dans le canon, comme pour forcer une balle dans une carabine de précision. Cette baguette repoussait la corde jusqu'à l'encoche de la noix, et on introduisait ensuite le projectile dans le canon. Ce projectile était une balle ou une flèche.

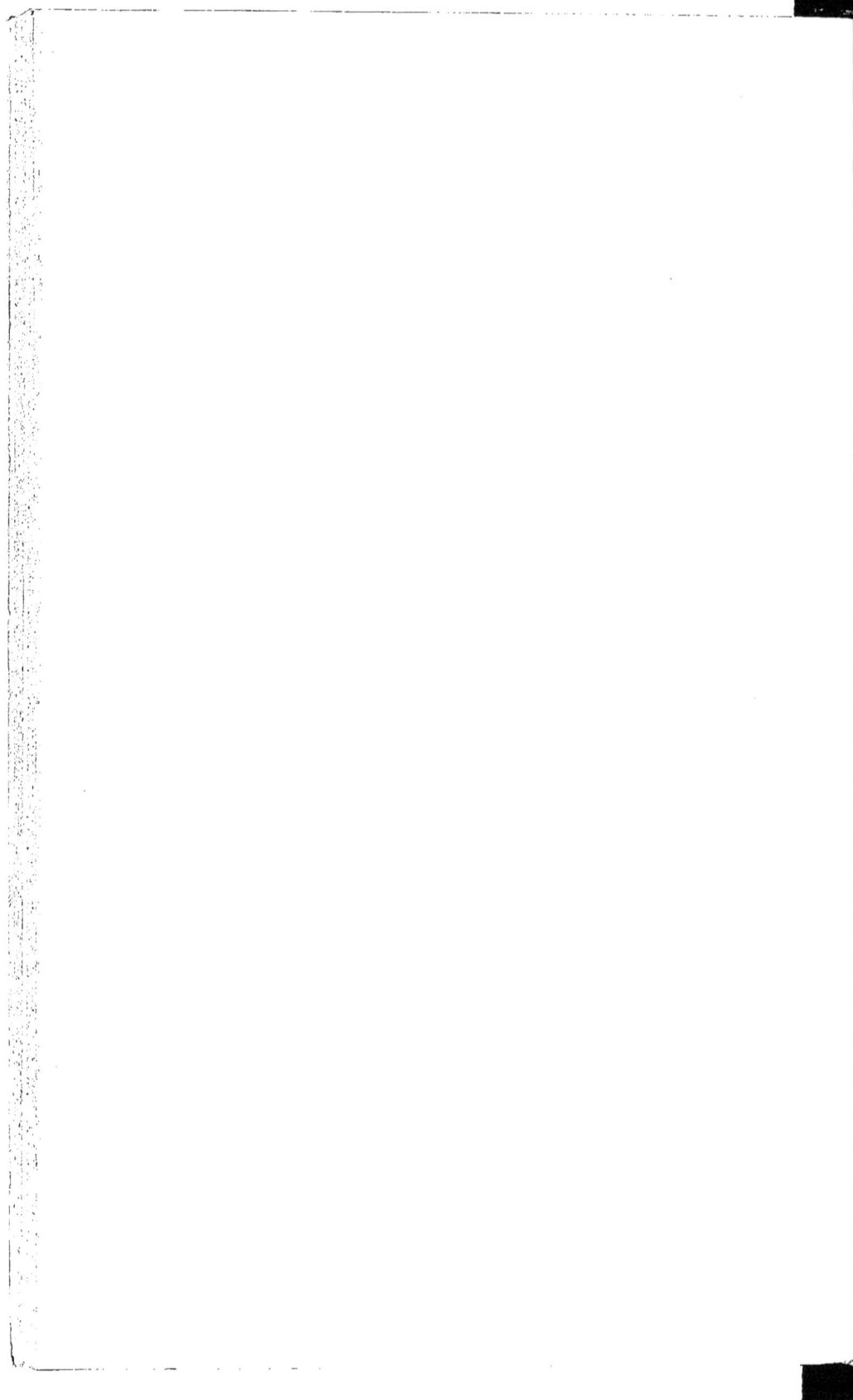

CHAPITRE X.

ARMES A FEU PORTATIVES.

Quoique l'histoire des armes à feu portatives appartienne plutôt à l'histoire de l'Artillerie, quoique ce soit un sujet tellement vaste qu'il pourrait comporter à lui seul plus de développements que l'histoire de la Panoplie toute entière, nous ne pouvons terminer cette étude sans dire quelques mots de l'*arquebuse* qui détrôna l'arbalèle, et du *mousquet* qui détrôna l'arquebuse, de ces armes primitives, mais déjà terribles, qui provoquèrent de si grandes modifications dans les armes défensives, et qui finirent par faire disparaître les armures.

L'arquebuse, ses inventeurs, ses propagateurs en France.

L'arquebuse qui était, selon Fabrice Colonna (dialogues de Machiavel) « un baston inventé de nouveau et bien nécessaire par le temps qui court, »

que du Bellay (discipline militaire) qualifie de
« très-bonne, » ne plaisait pas autant à Blaise de
Montluc, quand il s'écriait : « Que plust à Dieu que
ce malheureux instrument n'eust jamais esté inventé ; je n'en porterois les marques, lesquelles encore aujourd'hui me rendent languissant, et tant de
braves et de vaillants hommes ne fussent morts de
la main, le plus souvent, des plus poltrons et plus
lasches, qui n'oseroient regarder au visage celuy
que de loing ils renversent, de leurs malheureuses
balles, par terre, mais ce sont des artifices du diable
pour nous faire entretuer. » (Mémoires). Le cheva-
leresque Montluc fait, en quelques lignes, le procès
de l'artillerie et des armes à feu qui allaient obliger
les hommes d'armes à se revêtir d'armures à l'épreuve
de la balle, si pesantes, qu'au dire de Lanoue et de
Saulx-Tavannes, dans leurs mémoires, un gentilhomme, à trente ans, était déjà tout déformé ou per-
clus par leur poids. Mais, en revanche, elles ont
trouvé un chaleureux défenseur dans Philippe de
Strozzi, colonel-général de l'infanterie française,
possesseur de la grande charge qui succéda à celle
de grand-maître des arbalétriers. Ce vaillant capitaine, qui aimait son métier et qui cherchait à
apporter tous les perfectionnements possibles à l'armement de son infanterie, était très-versé dans
l'étude des armes à feu. C'est à lui que l'on doit
l'introduction en France du mousquet dont les Espagnols faisaient déjà usage. Il était, dit Brantôme,
« l'homme du monde craignant le moins les harque-
busades. »

Supériorité
marquée
des
arquebuses
faites à Milan.

Strozzi, « dès son jeune âge, avoit plus aymé
l'harquebuse que toutes autres armes de guerre, et

surtout l'harquebuse à mèche de Milan. » (Brantôme).
Avant lui, les arquebuses les plus estimées étaient
fabriquées à Abbeville (Somme) et à Metz ; c'était
à Blangy-sur-Bresle (Seine-Inférieure) qu'on fabriquait les meilleurs « fourniments » ou accessoires
des arquebuses. Strozzi réussit à établir la supériorité marquée de celles de Milan, et il prêcha d'exemple, car il était si habile au maniement de cette
arme qu'il ne manquait jamais un homme à 400 pas.
Avec un mousquet il tuait un cheval à 500 pas. Les
canons d'arquebuse étaient d'un très-petit calibre et
mal forés ; ils n'étaient pas solides. Ceux que Strozzi
fit faire à Milan étaient plus épais, mieux forés,
d'un plus fort calibre, mais légers néanmoins. La
crosse était longue, il la fit raccourcir. Il augmenta
la charge de poudre, tellement que le coup d'arquebuse retentissait presqu'autant que le coup du mousquet.

L'arquebuse
à mèche.
C'est en Espagne que fut inventée l'arquebuse,
ou du moins la nouvelle platine à mèche. Dans ce
nouveau système, la lumière était percée sur le côté
de la culasse, au-dessus du *bassinet* que recouvrait
le *couvre-bassinet*, petite plaque de fer à charnières
ou à coulisse, qui protégeait contre la pluie la poudre
de l'amorce. Une pince, nommée *serpentin*, mise
en mouvement au moyen d'une détente, recevait un
bout de la mèche que l'arquebusier portait enroulée
autour du bras. Au moment de tirer et après avoir
découvert le bassinet, il plaçait dans le serpentin la
longueur de mèche nécessaire pour que le serpentin,
en s'abattant, la plongeât dans la poudre du bassinet ;
cela s'appelait *compasser la mèche* ; il soufflait sur
la mèche, qui brûlait très-lentement, afin d'en

Les accessoires de l'arquebuse. aviver le feu, et appuyait sur la détente. Il fallait à l'arquebusier un fourniment compliqué, puisque la cartouche n'apparut qu'avec le mousquet. Ce fourniment se composait d'un sac pour les balles, d'un « flasque » ou poudrière contenant la poudre à charger, et d'une poudrière beaucoup plus petite, pour la poudre d'amorce, connue sous le nom d'*amorçoir*.

Le mousquet, ses inventeurs, ses propagateurs en France. Le mousquet, pris également aux Espagnols, était le double de l'arquebuse pour le calibre et pour la charge. Strozzi fut le premier qui en fit usage en France, mais il rencontra une vive résistance chez les soldats que le poids de cette arme écrasait. Pour donner l'exemple, il en faisait toujours porter un devant lui, au siége de La Rochelle, et s'en servait devant les troupes. Pour tirer avec le mousquet, il fallait l'appuyer dans une fourche ou *fourquine*, car il était impossible de le mettre à l'épaule. Le fourniment fut également modifié. Les mousquetaires Les accessoires du mousquet. reçurent des bandoulières auxquelles étaient attachées, par des cordons, les charges de poudre, mesurées d'avance, et renfermées dans des étuis de cuir, de bois ou de fer-blanc. A l'extrémité inférieure de la bandoulière était le sac à balles, auquel était suspendu l'amorçoir, par un crochet.

La platine à rouet, sa description. La *platine à rouet* est d'invention allemande. Sa découverte et son application suivirent de très-près celles de la platine à mèche, c'est-à-dire vers les premières années du XVIᵉ siècle. Le rouet est une rondelle d'acier cannelée, portant au centre une courte tige quadrangulaire, et appliqué contre le bassinet. Au moyen d'une clef on remonte le rouet auquel la détente imprime un mouvement de rotation très-rapide. Le serpentin, au lieu de mèche, porte un silex qui s'appuie fortement sur le bord du rouet et duquel ce mouvement de rotation tire des étincelles qui enflamment l'amorce. C'est, en somme, la première idée du fusil à pierre qui ne fut qu'un perfectionnement du fusil à rouet. Ce système donna naissance au pistolet. L'arme de transition entre le

Le pétrinal, arme de transition. mousquet et le pistolet fut le *pétrinal*, particulier à la cavalerie, qui n'était autre qu'une arquebuse raccourcie ou un pistolet très-allongé. Ces premiers

Le pistolet et ses transformations. pistolets à rouet, dont les reitres allemands étaient armés à la bataille de Renty, en 1554, étaient d'un très-petit calibre et avec un canon fort court. La poignée, très-massive, fait un angle très-prononcé avec le canon, et le pommeau est de forme sphérique et de très-grande dimension. A la fin du XVIᵉ siècle, le pistolet s'allongea considérablement, et la crosse fut placée presqu'en ligne droite avec le canon et dans son prolongement. Ses dimensions diminuèrent sous Louis XIII, mais la forme resta la même.

Modifications successives de la platine à rouet. Dans les premières armes à rouet, tout l'appareil, très-développé, était appliqué extérieurement sur le corps de platine. Peu à peu ces pièces diminuèrent de volume, finirent par être logées dans le bois et devinrent invisibles.

Le mousquet à la fin du XVIIᵉ siècle. En 1694, dit Saint-Rémy, « les mousquets ordinaires (à mèche) sont du calibre de vingt balles de plomb à la livre, et ils reçoivent le calibre de vingt-deux et de vingt-quatre, ce que l'on appelle de France. Le nombre de cette sorte de mousquets est d'ordinaire plus grand que celui des autres armes, parce qu'ils sont absolument nécessaires aux fantassins pour les siéges et les tranchées où il se fait

un feu continuel. Ils sont, pour satisfaire à l'ordonnance du roi, de 3 pieds 8 pouces de canon, et avec leurs fûts ou montures, de 5 pieds, tous montés de bois de noyer. Leur portée est de 120 à 150 toises. »
Vers 1630, les Espagnols inventèrent la platine à la miquelet, qui fut adaptée en France, vers 1698 ou

Apparition du fusil à silex ou à pierre. 1700, aux armes de guerre et de chasse. Le fusil, ainsi transformé, prit le nom de *fusil à silex* ou *à pierre*.

Luxe des armes à feu portatives. On remarque dans les armes à feu portatives, du XVIe au XVIIIe siècle, un luxe et une richesse de décor inconnus de nos jours. Les bois sont souvent incrustés d'ivoire ou de nacre. Les canons, terminés souvent par des chapiteaux curieusement ciselés, sont couverts de damasquines d'or et d'argent. Le mousquet à mèche du cardinal de Richelieu (Musée

Armes rayées et à plusieurs canons. d'artillerie, M, 35), en est un exemple remarquable. On sait que la rayure des canons de fusil n'est pas d'invention moderne, et qu'elle nous vient d'Allemagne, où on l'appliquait dès les premières années du XVIe siècle. On rencontre fréquemment dans les collections des arquebuses et des mousquets rayés, avec des hausses mobiles, des doubles détentes. Dans les pistolets, on en voit à plusieurs coups superposés, à deux, trois et quatre canons, tournant autour d'un axe commun. Il faut en conclure que nos inventions modernes ne sont pas aussi nouvelles que l'on veut bien le proclamer, et que nos armuriers trouveraient encore beaucoup à apprendre dans l'étude de ces armes à feu, reléguées dans les musées comme des souvenirs d'une époque moins civilisée que la nôtre.

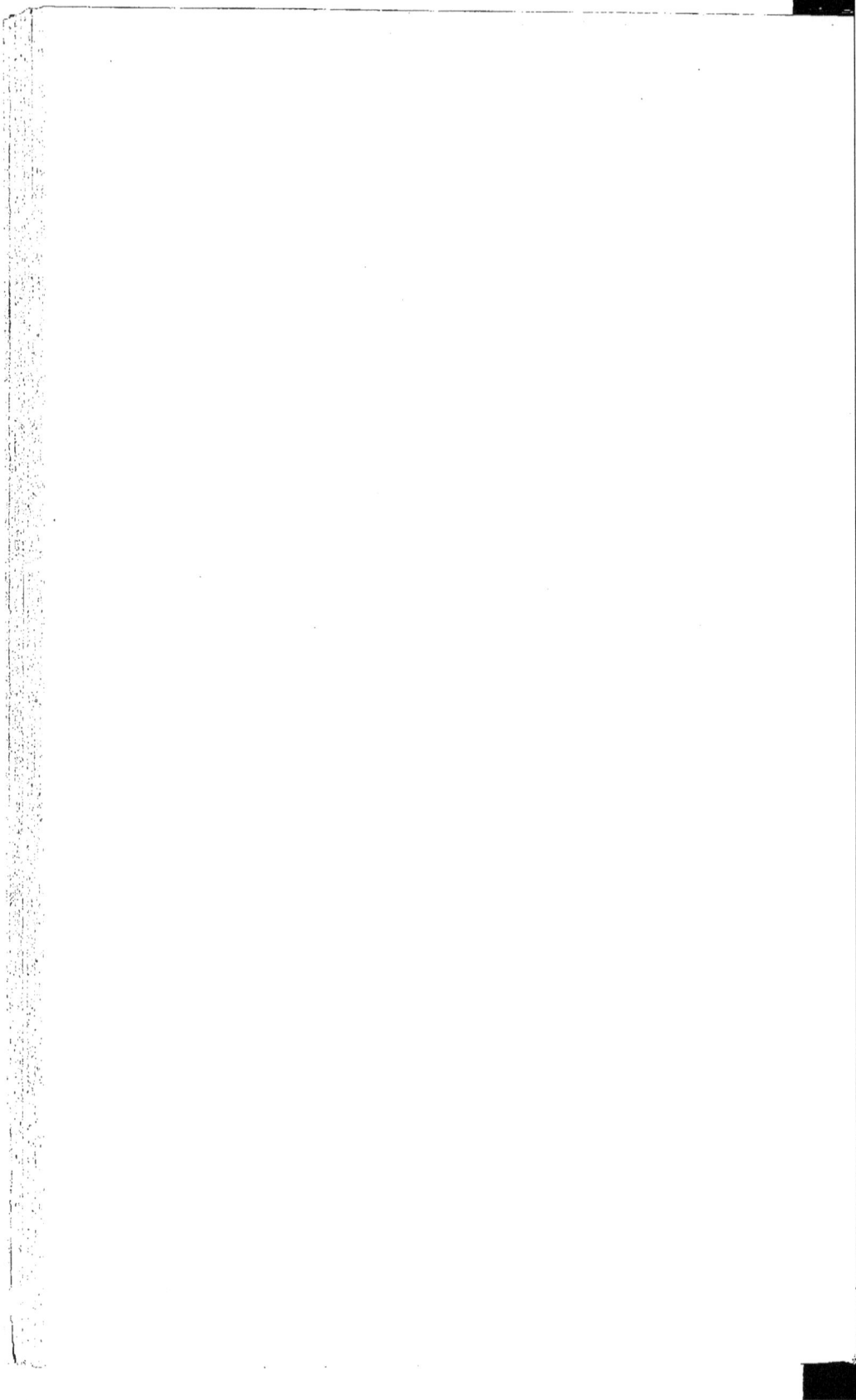

CATALOGUE

DU

CABINET D'ARMES

DE

M. LE COMTE DE BELLEVAL.

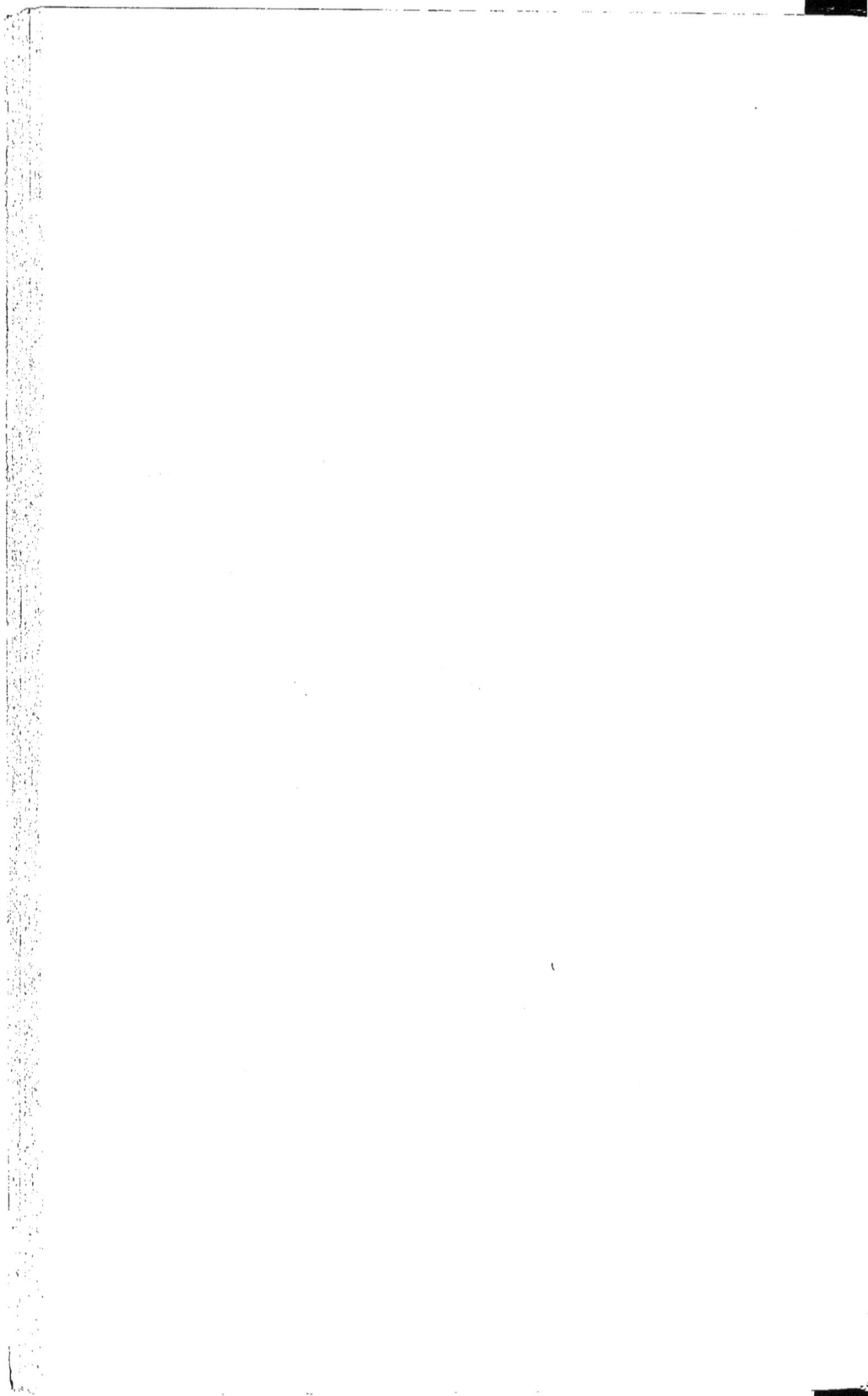

Il y a vingt ans, on ne s'occupait en France ni de la panoplie, ni de son histoire. On trouvait bien, dans tous les cabinets d'antiquités, quelques armes, à titre de spécimen, mais il n'existait pas de collections spéciales. La création du beau cabinet d'armes, dont nous publions le catalogue, remonte à 1859. C'est en 1861 que l'acquisition par l'Empereur de la si riche collection du prince Soltikoff donna l'essor à cette branche de la curiosité. Le nouveau goût du souverain fit affluer à Paris les collections et les pièces rares dispersées à l'étranger. Le comte de Nieuwerkerke commença, à cette date, à réunir le cabinet qui rivalisait avec celui de Napoléon III, et dont sir Richard Wallace vient de se rendre acquéreur au prix de 800,000 fr. M. Riggs, Américain, l'imita et rassembla à grands frais des pièces plus nombreuses mais moins importantes. M. Spitzer, pour le XVIe siècle seulement, recueillait de vrais trésors. M. le comte de Belleval, enfin, s'attachait, sans acception d'époque, à réunir des types de la plus grande pureté, de la meilleure conservation, qu'il destinait à lui servir de matériaux pour une histoire complète des armes et des armures. Son cabinet ne cessa de s'accroître pendant dix ans, jusqu'en 1869. C'est alors qu'il devint la propriété de S. M. l'Empereur. Par cette importante adjonction, la collection du château de Pierrefonds était devenue le plus riche cabinet d'amateurs qui existât en Europe. M. le comte de Belleval ne s'était réservé que les armes conservées dans sa famille et provenant authentiquement de ses ancêtres.

Dans ce beau cabinet d'armes, la série des armures, la plus riche, comprenait, sans interruption, toute la période depuis la fin du XVe siècle jusqu'à la disparition de l'armure en France. Elle offrait même plusieurs variétés de types pour chaque époque.

En voici le tableau :

RÈGNE DE CHARLES VIII.— Une armure complète.

RÈGNE DE LOUIS XII. — Deux armures complètes.

RÈGNE DE FRANÇOIS Ier. — Une armure de cavalier et deux armures de fantassin.

RÈGNE DE HENRI II. — Une armure de cavalier, une armure de fantassin.

RÈGNE DE CHARLES IX.— Une armure complète, une armure de fantassin.

RÈGNE DE HENRI III. — Trois armures de guerre, complètes, une armure de joûte, complète, une armure de fantassin, trois armures de ville.

RÈGNE DE HENRI IV. — Une armure complète, une armure de ville, une armure de fantassin.

RÈGNE DE LOUIS XIII. — Une armure de joûte, cinq armures complètes, trois demi-armures, une armure de piquier, une armure de ville.

RÈGNE DE LOUIS XIV. — Une armure complète, une demi-armure, une armure de ville.

La série des casques n'est pas moins complète. Nous avons pour le

RÈGNE DE CHARLES VII.— Deux casques.

RÈGNE DE CHARLES VIII — Trois casques.

RÈGNE DE LOUIS XII. — Cinq casques.

RÈGNE DE FRANÇOIS Ier.— Un casque.

RÈGNE DE HENRI II. — Six casques.

RÈGNE DE CHARLES IX.— Cinq casques.

RÈGNE DE HENRI III. — Huit casques.

RÈGNE DE HENRI IV. — Cinq casques.

REGNE DE LOUIS XIII. — Sept casques.

RÈGNE DE LOUIS XIV. — Un casque.

ARMURES.

1. — Armure de la fin du XVe ou du commencement du XVIe siècle ; unie.

L'armet, à rondelle, à crête très-basse, porte un mézail d'une seule pièce, en pointe, percé d'ouvertures horizontales et circulaires : son gorgerin s'ouvre en deux parties, au moyen de charnières placées des deux côtés du timbre : il s'assemble à l'armure par une gorge qui reçoit le bourrelet saillant du colletin ; ce qui a fait donner, dans la panoplie, à ce genre de casques le nom de casques à bourrelet. La rondelle de volet est placée à la queue du timbre. Le plastron, d'une seule pièce, de forme bombée, sans arête médiane, offre le type caractéristique des armures de la fin du XVe siècle. Il porte, à sa partie supérieure, une composition gravée au burin, consistant en une couronne ducale, sous laquelle est la lettre W que désigne une main sortant d'un nuage. En dessous, sur une banderolle, sont les lettres D. I. D. M. E. qui surmontent à leur tour cette inscription, sur une seule ligne, en grandes lettres gothiques : JHESVS. NAZARENVS. REX. JVDEORVM. Le plastron est en outre bordé d'une bande gravée représentant une guirlande d'œillets entrelacés avec des feuilles de houx, d'un gracieux dessin : il s'attache par des crochets à la dossière qui est toute unie. Les épaulières sont à passe-gardes inégales, celle de droite moins développée et plus inclinée que celle de gauche. L'épaulière droite a une rondelle. Brassards d'une très-belle forme, avec cubitières d'une seule pièce, de grandes proportions, presqu'entièrement fermées, disposition à remarquer. Gantelets à mitons. La braconnière, articulée, à quatre lames, porte des tassettes articulées, longues et très-cintrées. Les cuissards, d'une belle forme, ont des grèves entièrement fermées par des crochets, et des pédieux de forme carrée.

Cette armure est une maximilienne unie, sans cannelures, antérieure aux maximiliennes cannelées et immédiatement postérieure aux armures à poulaines dont l'usage, en France, cessa à partir de 1480. On peut donc fixer environ de 1490 à 1500 pour date à cette armure, l'un des plus beaux spécimens de cette époque.

Ces sortes d'armures, malgré leur date, sont encore les plus communes dans les cabinets d'armes. Le Musée d'artillerie n'en possède pas moins de onze, et la collection de l'Empereur six.

2. — Armure allemande cannelée, dite maximilienne, du commencement du XVIᵉ siècle.

Son armet, très-remarquable, dont la vue et le ventail sont en deux pièces indépendantes l'une de l'autre, porte deux arêtes en torsade sur le sommet du timbre, et a une mentonnière en deux parties s'ouvrant sur charnières : Il s'assemble au colletin par un bourrelet saillant. Les épaulières sont pourvues de leurs passe-gardes symétriques. Le plastron, de forme bombée, porte des tassettes d'une seule pièce fixées à la braconnière qui est à lames articulées. Le garde-reins, étroit et très-allongé, en forme d'éventail, rappelle ceux des armures du XVᵉ siècle.

Cette armure, d'une grande élégance de formes, est un des plus beaux types de l'époque, et a forme de son garde-reins est exceptionnelle dans les armures de ce modèle.

3. — Armure allemande, maximilienne, à cannelures nombreuses et serrées.

L'armet, s'assemblant au colletin par un bourrelet saillant, porte un ventail d'une seule pièce, présentant, en repoussé, un visage d'homme à moustaches. Épaulières avec passe-gardes symétriques. Plastron bombé avec braconnière et longues tassettes articulées. Gantelets à mitons. Grèves fermées, avec pédieux de forme carrée.

Armure très-remarquable de la première moitié du XVIᵉ siècle. — Nous ne connaissons que l'armure G 13 du Musée d'artillerie, avec un armet analogue.

4. — Armure noire, à bandes polies, du milieu du XVIᵉ siècle.

La bourguignote, avec oreillères, porte une visière plate et mobile pouvant se renverser sur le timbre qui est surmonté d'une pointe. Colletin avec épaulières articulées terminées par une bande à chevrons repoussés, et sans brassards qui devaient être suppléés par des manches en mailles. Le plastron, très-bombé, d'une forme élégante, avec braconnière et tassettes articulées, est pourvu d'un faucre. Dossière avec garde-reins. Gantelets à doigts détachés.

Cette armure, dont toutes les pièces portent la marque de fabrique de Nuremberg, est un spécimen remarquable de ce genre de fabrication.

5. — Armure allemande, unie, du milieu du XVIᵉ siècle.

Le casque, fermé, avec vue et ventail en deux pièces, a son gorgerin qui recouvre en partie le colletin. Les épaulières, articulées, sont inégales : les avant-bras, d'une forme particulière, se prolongent vers le coude de manière à l'emboîter. La cuirasse, à côtes médiane et latérales, porte de longues tassettes prenant la forme de la cuisse. N'étant pas pourvue du faucre, elle se portait aussi avec le colletin à épaulières articulées qui fait partie de la même armure, comme pièce de rechange. Dans ce cas, le casque fermé était remplacé par une bourguignote.

Belle forme et très-bonne fabrication. Les principales pièces portent une marque de fabrique.

6. — Armure allemande, d'un capitaine catholique de reîtres ou de lansquenets, à larges bandes richement et très-finement gravées.

Le plastron, présentant une forte arête relevée au tiers de sa longueur, porte à droite le Christ en croix et à gauche un lansquenet à genoux et en prières. Les épaulières, petites et articulées, sont terminées par des brassards d'une belle forme. La braconnière, formée de deux lames, porte des tassettes articulées fortement cintrées. Cette armure porte sa date, 1545, dans un petit cartouche sur la bande médiane de la dossière. Les gantelets, d'une gravure plus soignée, n'appartiennent pas à cette armure.

7. — Armure allemande, de chevau-léger ou d'écuyer, unie, du milieu
du XVI° siècle, 1555 environ.

Cuirasse de forme bombée avec une arête médiane très-prononcée relevée au centre, et un faucre. Courtes épaulières, attachées au colletin, pourvues de leurs rondelles, et terminées par des brassards. Longues tassettes articulées, sans genouillères. Bourguignote avec oreillères mobiles, à visière plate et mobile pouvant se renverser sur le timbre sans crête et terminé par une pointe. Gantelets à mitons, d'une très-belle forme.

8. — Armure française, de l'époque de Henri II : complète.

Elle est richement décorée de larges bandes gravées à grands rinceaux entremêlés de demi-figures et de mascarons chimériques ; des fleurons distancés et faisant bordure complètent l'ornementation. L'armet, d'une belle forme, porte un gorgerin articulé s'adaptant exactement au colletin : le ventail est percé à droite de trous disposés en rosace. Le plastron était pourvu d'un faucre, ainsi que l'indiquent les deux ouvertures faites pour le recevoir et la forme échancrée de l'épaulière droite dont la défense est complétée par une rondelle. Sur l'épaulière gauche, plus développée sur le plastron, on remarque un trou à vis auquel se fixait une pièce de renfort. Les tassettes, longues et à lames articulées, sont mobiles sur la braconnière et cintrées pour s'ajuster aux cuisses, lorsqu'on enlevait les cuissards et les grèves pour combattre à pied. Les grèves, d'une jolie forme, sont courtes et se ferment par des courroies : elles n'ont pas de solerets. Les gantelets, auxquels les doigts manquent, complètent cette armure remarquable autant par sa forme que par la richesse de sa gravure.

9. — Armure de l'époque de Charles IX.

Ornée de bandes et de médaillons finement gravés, d'une remarquable exécution, représentant des trophées d'armes, des animaux chimériques et des bustes de personnages en costume romain. Les épaulières, inégales, sont peu développées. Le plastron, qui portait un faucre, rappelle par sa forme le pourpoint du costume civil du règne de Charles IX. Les tassettes, articulées, longues et très-cintrées, sont reliées à la braconnière par des courroies à boucles. Le casque manque. Cette remarquable armure porte encore toutes ses anciennes boucles en cuivre ciselé, tous ses cuirs, et toutes ses garnitures en velours feutré. Les gantelets, à doigts détachés, ont aussi leurs anciens gants.

Armure d'une rare élégance et d'une grande richesse; admirablement conservée.

10. — Armure complète, française, de l'époque de Charles IX, 1570 à 1575.

La forme du plastron, son arête prononcée et les autres détails de l'armure ne laissent pas le moindre doute sur son époque. C'est, en effet, sous le règne de Charles IX, que la cuirasse commença à reproduire la pointe du pourpoint du costume civil. Sous Henri III cette pointe devint exagérée et quelques armures la reproduisent, mais pas toutes au même degré. Celle-ci a donc pu aussi bien être portée pendant le règne de Henri III que pendant celui de Charles IX, mais elle a dû pourtant être fabriquée plutôt à la fin du règne de Charles IX, c'est-à-dire de 1570 à 1574, que sous celui de Henri III.— Elle est complète. L'armet caractéristique et particulier au règne des deux derniers Valois, est de la forme la plus élégante, avec une crête saillante; la vue et le ventail sont en deux pièces qui peuvent se renverser sur le timbre. Le ventail porte, du côté droit, de nombreux trous ronds pour la respiration. Il s'assemble à la vue et à la mentonnière par deux ressorts. La mentonnière est pourvue de sa fourchette d'appui, qui servait à maintenir le mézail quand on le relevait sur le timbre.— Le gorgerin est articulé à trois lames.— Les épaulières, articulées, sont inégales. Celle de droite est échancrée pour le passage de la lance: elle ne portait pa de rondelle. La défense de l'aisselle droite devait être fournie par un gousset de mailles et complétée par la rondelle de la lance. L'épaulière gauche, beaucoup plus développée, entièrement formée de lames mobiles, descend très-bas sur le plastron et recouvre l'aisselle. — La cubitière de gauche est moins développée que celle de droite. — Les tassettes, articulées, rattachées par des courroies à boucles à la braconnière formée d'une seule lame, sont très-longues, très-cintrées, et de la forme la plus gracieuse. — Les cuissards, de la forme ordinaire, ont leurs grèves qui sont rattachées aux genouillères par des boutons à œillets et qui ne recouvrent que la partie extérieure des jambes auxquelles elles s'attachent par des courroies : elles se terminent au cou de pied et ne portent pas de solerets. — Les gantelets sont à doigts détachés. — Le plastron, rattaché à la dossière par des bretelles en fer et par des crochets sur les côtés, n'a pas de rebord saillant auprès du colletin. Les six trous taraudés, qu'on y remarque à cet endroit, servaient à fixer la haute pièce. La cubitière gauche porte également un trou taraudé destiné à recevoir la vis du grand garde-bras : enfin les cuissards peuvent se raccourcir ou se rallonger à volonté. Ces détails ajoutent à l'intérêt de cette armure, qui pouvait, par l'adjonction de la haute pièce, du grand garde-bras, et un changement dans la longueur des cuissards, être aussitôt transformée en armure de joute. C'était donc l'armure à deux fins, selon que son propriétaire voulait s'armer pour la joute ou pour la guerre. — Elle porte encore ses anciennes boucles et dans plusieurs pièces ses garnitures en buffle et ses clous anciens en fer recouverts d'une calotte de cuivre. — Elle est en acier poli, bordé d'un filet en torsade.

Cette belle armure mesure **1** mètre **73** centimètres. C'est un modèle d'élégance.

11. — Armure française, de l'époque de Henri III.

A fond bleu couvert de dessins à rinceaux et de feuillages gravés et dorés, d'une grande richesse. Le plastron, en pointe, a la forme du pourpoint du costume civil. Tassettes courtes, formées chacune de trois lames fixées à la braconnière par des courroies à boucles. Petites épaulières; cubitières à petites ailes: la saignée est défendue par un système ingénieux de lames articulées. Gantelets à doigts détachés. Armet à double visière, d'une belle forme. L'armure porte encore ses anciennes garnures en velours rouge bordé de galons d'or.

C'était une armure de ville ou de parade, aucune des pièces qui la composent n'étant à l'épreuve de la balle.

12. — Armure de tournoi, unie, complète, française, de l'époque de Henri III.

Le casque, fixé à la dossière, s'emboîte dans la haute pièce percée sur le côté droit d'une petite porte à jour s'ouvrant pour la respiration. Cette haute pièce, très-épaisse, présente, avec le manteau d'armes qui complète si admirablement l'armure, une grande défense. Ils sont vissés tous deux au plastron de la cuirasse, qui, avec sa forte arête et sa forme allongée se terminant en pointe, rappelle le costume civil du temps. Les tassettes, accusant fortement les hanches, sont formées de deux grandes lames plates et épaisses. Les épaulières sont simples, symétriques et ne recouvrent que les omoplates. Les cuissards, très-développés, se divisent à volonté en deux parties; les grèves, fixées aux genouillères, ne couvrent que la partie extérieure des jambes auxquelles elles s'attachent avec des courroies, et se terminent au cou de pied. Les solerets étaient, par conséquent, en cuir recouvert de mailles, et indépendants de l'armure.

Cette armure, extrêmement remarquable sous tous les rapports, est accompagnée de la suivante :

13. — Armure de guerre, française, unie, complète, de l'époque de Henri III.

L'armet, de belle forme, à gorgerin articulé, est percé au côté droit du ventail, de petites ouvertures longues, pour le respiration. Le plastron, à pointe plus allongée qu'à l'armure de tournoi, porte des tassettes plus longues et à plusieurs lames articulées. Les épaulières sont entières et se développent sur la poitrine; elles sont distinctes; celle de droite est échancrée à la hauteur du faucre,

pour le passage de la lance. Les cuissards et les grèves sont semblables à ceux de l'autre armure.

La forme générale, la stature, les parfaites proportions identiques
de ces deux armures les font considérer comme ayant été faites pour
le même personnage. L'intérêt qui s'y attache est encore augmenté
par le fait de cette réunion de l'armure de tournoi et de l'armure de
guerre, réunion qui ne se trouve dans aucun musée ni dans aucune
autre collection particulière.

Ajoutons qu'elles ont conservé leur ancienne garniture de courroies intérieure, leurs boucles et tous leurs clous à têtes de
cuivre.

Elles sont enfin, chacune dans son genre, comme élégance et
distinction, qualités d'ailleurs particulières à cette belle époque,
certainement le type le plus remarquable des armures de la fin du
XVI° siècle.

14. — Armure italienne, de l'époque de Henri III.

A bandes gravées représentant des trophées d'armes et des animaux chimériques. Les armures, décorées de ces emblèmes et de
ce genre de gravure, ont, dans la panoplie, un nom défini : on les
appelle *armures de Pise.* Il y avait, en effet, à Pise, une fabrique
renommée, mais qui avait adopté, dans la deuxième moitié du
XVI° siècle, un type uniforme de gravure, pour tout ce qui sortait
de ses ateliers. Le plastron, en forme de cosse de pois, très-allongé
et échancré sur les hanches, conformément au pourpoint civil,
orné de deux médaillons à sa partie supérieure, porte encore le
faucre. Les épaulières sont inégales, celle de droite étant plus
évidée. La braconnière, d'une seule lame, porte des tassettes articulées, courtes et très-évasées, rattachées par des courroies à
boucles. Cuissards courts, avec genouillères à petites ailes. Les
grèves étaient remplacées par la botte en cuir. Gantelets à doigts
détachés. L'armet est à gorgerin articulé. Le timbre porte une crête
assez élevée, bordée d'une torsade ciselée. La vue et le nasal peuvent
se renverser sur le timbre. Le ventail, percé seulement du côté droit
d'ouvertures pour la respiration, est relié par un crochet à la mentonnière. — Cette armure était donc faite pour combattre à cheval.

15. — Armure italienne, de l'époque de Henri III.

Ornée de bandes gravées représentant des trophées d'armes et des animaux chimériques, et au haut du plastron, sur les épaulières et au bas des tassettes de médaillons portant des bustes d'hommes et de femmes en costume romain. Comme celle qui précède, cette armure provient de la fabrique d'armes de Pise. La marque de cette fabrique, un P surmonté d'un globe et d'une croix, se remarque dans un médaillon en haut de la dossière. Le plastron, en forme de cosse de pois, est encore plus allongé et plus échancré sur les hanches que celui de l'armure précédente. Il accentue davantage la mode du temps Il n'a pas de faucre. Épaulières symétriques. A la braconnière sont attachées par des courroies à boucles les tassettes très-larges et très-courtes, articulées, composées chacune de onze lames et indiquant parfaitement la forme des bouffants du haut-de-chausses du costume civil. Gantelets courts, dont les doigts manquent. Colletin articulé. Bourguignote, ornée de clous festonnés dorés, à crête très-élevée, avec une longue visière pointue, plate, et des oreillères encadrant presqu'entièrement le visage. — L'absence du faucre, la forme des tassettes indiquent que cette armure était destinée à combattre à pied. Sa forme et son élégance sont à remarquer.

16. — Armure d'enfant, complète, unie, de la fin du XVIᵉ siècle, époque de Henri III.

Casque fermé, à bourrelet. La vue et le ventail sont d'une seule pièce et percés d'une quantité de trous cylindriques. Les épaulières sont fines et d'une jolie forme : celle de droite étant très-évidée, la défense de l'aisselle devait être complétée par un gousset de mailles ou par une rondelle. Le plastron, très-allongé et reproduisant la forme du pourpoint, porte une braconnière à laquelle sont fixées par des boucles les tassettes courtes, évasées et articulées. Les cuissards sont courts. Les grèves, fermées, sont terminées par des pédieux de la dernière forme en usage, dits en bec de cane. Gantelets à doigts détachés.

Cette armure provient de la célèbre collection du château d'Ambras.

17. — Cuirasse italienne , de l'époque de Henri III.

A bandes richement gravées , s'ouvrant à charnières , en quatre
parties ; cette cuirasse, dite de ville, bien complète, a son colletin
articulé , qui ne fait qu'un avec elle et qui entoure le cou, par une
disposition exceptionnelle et à remarquer. Par sa forme en cosse
de pois exagérée couvrant tout le bas-ventre et très-échancrée sur
les hanches , elle représente bien le style élégant et original qui a
fait du costume du règne de Henri III un des plus justement remarquables. La rangée de boutons qui orne le plastron dans toute sa
longueur, complète sa ressemblance avec le pourpoint de ce temps.
Il se ferme par devant au moyen de deux crochets. La dossière ,
sur laquelle on remarque , entre autres attributs , l'image d'un
homme d'armes à cheval, en armure complète, est percée d'une
balle entre les deux épaules.

Pièce excessivement rare.

**18. — Cuirasse , dite armure de ville, en fer poli , de l'époque de
Henri III.**

Le plastron , descendant sur le bas-ventre en pointe exagérée ,
conformément aux modes du costume civil, fixé par des charnières à la dossière , s'ouvre en deux parties et se ferme par
devant au moyen de deux crochets. — Contrairement à la précédente ,
cette cuirasse était faite pour être portée sous le pourpoint qui était
attaché , cousu à cette cuirasse. — C'était *une armure secrète.* Avec
le très-curieux casque dit secrète (voir aux *Casques* , nº 93) , on a
un spécimen unique de la véritable armure de ville de cette époque ,
celle qui était entièrement dissimulée sous le costume si gracieux et
si caractéristique du règne de Henri III.

Cette cuirasse est très-pesante : Pièce excessivement rare, surtout
accompagnée de son casque. On peut même affirmer qu'il n'en existe
aucune semblable.

19. — Armure de fabrication allemande , à filets, noire.

Elle date de la fin du XVIᵉ siècle, 1580 environ, et a appartenu à un capitaine de gens de pied ou à un chevau-léger. Bourguignote à oreillères mobiles. à crête assez élevée, avec un garde-face articulé. Le plastron porte une arête médiane et se termine, à la ceinture, en pointe assez allongée. Les épaulières, étroites et articulées, tenant après le colletin, et sans passe-gardes, laissent à découvert l'aisselle qui était défendue par des rondelles dont on voit encore les œillets. Les gantelets, à longs canons, sont à doigts détachés. Les longs cuissards, sans genouillères, articulés, se séparent en deux de manière à laisser de courtes tassettes et à ramener ainsi l'armure aux proportions d'une armure d'homme de pied. Les tassettes, elles-mêmes, ne tiennent à la braconnière que par des crochets, et la braconnière étant bordée de filets et de clous, la cuirasse pouvait être portée seule : Cette disposition est à remarquer. Il y avait donc trois manières de porter cette armure qui est d'une belle fabrication et de la plus grande pureté. Toutes ses pièces sont poinçonnées d'un écu parti d'un aigle et de trois bandes, marque de la fabrique d'armes de Nuremberg.

20. — Armure française complète, unie et bordée de filets, de l'époque de Henri IV, fin du XVIe siècle.

Casque fermé, avec vue et ventail indépendants, mobiles et pouvant se renverser sur le timbre que termine une crête peu élevée : Gorgerin articulé. Les épaulières, arrondies par devant, sont carrées par derrière : celle de droite est légèrement évidée. Cuirasse très-pesante, avec faucre, braconnière et longues tassettes articulées, très-cintrées et prenant la forme des cuisses. Cuissards, grèves fermées, et solerets en bec de cane, d'une belle forme. Toutes les pièces de cette remarquable armure sont parsemées d'une grande quantité de clous d'acier. — Elle offre un spécimen curieux de l'armure de pied en cap à une époque où les cuissards et les grèves avaient été remplacés par les grands cuissards et les bottes en cuir.

21. — Armure française, de ville, de l'époque de Henri IV, fin du XVIe siècle.

Elle se compose de la cuirasse complète, plastron et dossière, du collètin, et des épaulières symétriques avec les brassards d'arrière-bras, jusques et y compris les cubitières. Elle est complète ainsi, la bordure de la cuirasse encore pourvue intérieurement de ses anciens festons en velours rouge, prouvant qu'elle n'a jamais eu de tassettes. Le plastron est d'une très-belle forme, accusant par sa pointe moins prononcée que sous Henri III, la transition des modes du règne de Henri III à celui de Henri IV. Cette armure est ornée, sur un fond bleu, de rinceaux et de feuillages gravés et dorés d'une grande richesse et du plus bel effet décoratif.

22. — Armure noire, du commencement du XVII⁰ siècle.

Le casque, en forme de bourguignote et dont le timbre, qui se termine en pointe, porte l'empreinte d'une balle, a une visière plate et mobile et un garde-face articulé fixé à la mentonnière qui est mobile autour de charnières et se ferme au moyen d'un crochet fixé au gorgerin : ce gorgerin est d'un seul morceau. Épaulières symétriques. Grands cuissards à genouillères fixés directement au plastron, sans braconnière : ils peuvent se diviser et se porter sans genouillères, de manière à former tassettes. Le plastron, très-pesant, est légèrement bombé avec une arête médiane peu accusée. Gantelets à doigts détachés.

Cette armure, d'une bonne fabrication, est remarquable par sa pesanteur.

23. — Armure française de joûte, unie, des premières années du XVII⁰ siècle.

Elle est pourvue de toutes ses pièces de renfort : haute-pièce se fixant au casque et à la cuirasse ; grande pièce de cuirasse couvrant la moitié du plastron du côté gauche, ainsi que l'épaule ; grande pièce de coude couvrant presqu'entièrement le bras gauche ; gantelet de bride, dit à mouffle, recouvrant entièrement l'avant-bras gauche ; petite pièce de coude fixée sur la cubitière droite. — Casque à bourrelet, à vue très-renforcée : le ventail n'offre aucune ouverture pour la respiration. Cuissards d'une belle forme. Grèves ouvertes sur charnières et se fixant avec des courroies : Elles ne portent pas de solerets ; ceux-ci sont remplacés par de grands étriers entièrement couverts, protégeant les pieds et faits en forme de solerets.

Armure d'un très-bel ensemble et d'une fabrication très-remarquable. Elle provient de la collection de M. de Berton, à Turin. — C'est l'armure de joûte décrite et figurée dans l'ouvrage de Pluvinel, par conséquent elle date de la jeunesse de Louis XIII. — On en remarque une exactement semblable dans la collection de l'Empereur.

24. — Armure noire, française, de la fin du règne de Henri IV ou du commencement de celui de Louis XIII (1615 environ).

Elle est garnie d'une grande quantité de clous de cuivre et ornée sur le casque et aux épaulières de quelques boutons d'applique formés de mufles de lion en bronze doré. Casque fermé, avec vue et ventail en deux pièces pouvant se renverser sur le timbre. Gorgerin d'une seule pièce. Épaulières symétriques et carrées, à grands festons. Cuirasse d'une belle forme, d'un poids considérable et d'une ampleur peu commune : elle mesure à la taille 1 mètre 25 centimètres de circonférence. Elle est terminée par des tassettes articulées, de grandes proportions, presque carrées, et par un grand garde-reins d'une forme et d'une dimension remarquables. La forme de la cuirasse et sa garniture de clous de cuivre prouve qu'elle pouvait être portée sans les tassettes ni le garde-reins. Elle a conservé intérieurement toute sa garniture ancienne en buffle, et extérieurement elle est ornée, ainsi que les épaulières, de ses festons anciens en velours rouge. Le casque porte toute sa garniture intérieure du temps, en soie rouge piquée.

25. — Armure française, de la première moitié du XVIIe siècle (commencement du règne de Louis XIII).

Unie, sans tassettes ni cuissards, avec toutes ses garnitures complètes festonnées en velours vert bordé de galons d'or. Casque à bourrelet, avec grille fixée à une visière plate et mobile, pouvant se renverser sur le timbre : il porte son ancienne garniture en soie rouge piquée. Épaulières symétriques, avec brassards fixés par des tourillons et pouvant se détacher à volonté Cuirasse d'une belle forme, allongée avec une arête médiane. Gantelets; les doigts manquent. Les tourillons, les crochets et les boucles sont dorés. La mentonnière du casque a été traversée par une balle.

Il faut remarquer, dans cette curieuse armure, cette disposition exceptionnelle du casque à bourrelet à une époque où l'on ne portait plus que des casques à grand gorgerin.

26. — Armure d'un officier de piquiers, du règne de Louis XIII.

Elle est composée du casque de forme ronde, à crête et à larges bords aplatis, sorte de cabasset : du plastron à taille courte et pointue, conforme au pourpoint du costume civil, avec tassettes très-larges, d'une seule pièce, fixées à charnières, sans braconnière ; de la dossière, et du colletin : le tout en fer peint en brun et constellé d'étoiles d'or. Un bufflctin à manches courtes, larges et tailladées, complète cette pièce très-rare et très-intéressante.

27. — Armure noire, époque de Louis XIII.

Elle mesure 1 mètre 25 centimètres de la crête du casque à l'extrémité des genouillères, et a dû, par conséquent, appartenir à un jeune homme ou à un homme d'une très-petite taille. Le plastron est à taille courte et se termine en pointe, conformément au pourpoint civil. Épaulières carrées et symétriques. Cubitières à petites ailes. La saignée du bras est protégée par des lames articulées. Les longs cuissards, articulés et à genouillères, sont attachés à la braconnière par des crochets. Grand garde-reins. Le casque, à grand gorgerin d'une seule pièce, a la vue et le ventail en deux parties. Les gantelets manquent.

28. — Armure noire, française, de l'époque de Louis XIII.

Le plastron, très-court et pointu, porte à droite l'empreinte d'une balle. Les épaulières, carrées, sont symétriques. La dossière est pourvue d'un grand garde-reins articulé. Les longs cuissards à genouillères, absolument indépendants du plastron qui n'a pas de braconnière, sont fixés des deux côtés du garde reins par des charnières autour desquelles ils tournent, et rattachés en avant l'un à l'autre, sous la cuirasse, par une courroie à boucle. Cette disposition est exceptionnelle. Le casque, fermé, est de la forme ordinaire, avec la vue largement coupée et indépendante du ventail, et un large gorgerin d'une seule pièce.

29. — Armure de l'époque de Louis XIII.

Noire, ornée de festons, de filets gravés et à torsades, de rosaces repoussées en relief, et de nombreux clous de cuivre doré. Le casque est d'une beauté remarquable ; sa mentonnière, ornée de mufles de lion, s'ouvre sur charnières et se referme avec un crochet fixé sur le large gorgerin ; la visière est plate et fixe ; le nasal est en fer doré et se termine aux deux extrémités par une rosace repercée à jour, ainsi que la vis et le porte-nasal ; le porte-plumail est à ornements et à fleurs de lys découpés et repercés à jour ; enfin le timbre, sans crête, est surmonté d'un bouton élégant dont la base est formée d'une plaque découpée en fleurs de lys et dorée. Il a son ancienne garniture intérieure en soie verte piquée, avec festons en velours bordé de galons d'argent. — Le plastron, à taille courte et se terminant en pointe très-prononcée, est pourvu d'une double cuirasse le recouvrant exactement, et porte les deux grands cuissards qui peuvent se partager en deux parties pour supprimer les genouillères et combattre à pied ou à cheval. Épaulières symétriques. Dossière avec grand garde-reins articulé. Il manque les deux avant-bras et un gantelet.

30. — Armure du temps de Louis XIII : Par ses proportions, elle accuse un jeune homme ou un homme de petite taille.

Cette armure, l'un des types les plus remarquables de l'époque, offre cette particularité qu'elle est décorée, sur le corselet et sur les épaulières, de fleurs de lys et de la lettre *R* en caractère gothique, peintes et parsemées en grand nombre sur le fond noir qui est le ton général de l'armure. On remarque, sur la partie gauche vers le haut du devant de la cuirasse, un instrument de musique, harpe ou lyre, surmonté d'une étoile, également peints. Le corselet, d'une rare élegance de forme, se termine en pointe très-prononcée, avec un rebord échancré au milieu, et bordé d'une torsade qui indique que ce corselet se portait aussi sans les cuissards dont la place est indiquée par des charnières à boulons fixées au bas de la cuirasse. Les épaulières, symétriques et de grandes proportions, recouvrent presqu'entièrement le corselet, devant et derrière. Les brassards, fixés aux épaulières, offrent une défense complète en ce que les saignées sont garanties par des lames articulées. Le casque, de la plus jolie forme du temps, dont le timbre est cannelé, fortement projeté en arrière et surmonté d'une crête terminée par un gland, est à visière fermée et à large gorgerin. Il est orné de nombreux clous de cuivre sur le ventail et autour de la vue. — Enfin, cette armure, par ses divers détails, peut être considérée comme unique dans son genre.

31. — Armure de reître ou de cuirassier, de la première moitié du XVIIᵉ siècle.

Elle est complète, en fer bleu : Elle se compose du casque à visière plate et fixe munie d'une barre de nasal mobile, de deux oreillères mobiles et d'un long couvre-nuque articulé : (il a sa garniture ancienne en toile blanche) : du plastron court et en pointe avec des tassettes articulées, carrées et de grandes proportions ; de la dossière avec un grand garde-reins, et du colletin avec de courtes épaulières. Toutes les pièces sont bordées d'un double filet creux.

32. — Armure d'enfant, à filets, à festons et à rosaces, de l'époque de Louis XIII.

Elle se compose d'une cuirasse à taille très-courte et se terminant en pointe ; des brassards, complets, avec épaulières symétriques, arrondies, dont les lames disposées en forme d'éventail sont réunies par deux boutons d'applique formés de mufles de lion en cuivre doré. Le casque, en forme de bourguignote, a une crête

élevée et un timbre cannelé : il est pourvu d'une visière plate et
mobile, laissant le visage entièrement à découvert. La mentonnière,
s'ouvrant à charnières, est fermée par un crochet adapté au gorgerin
très-large et s'ouvrant d'une pièce.

33. — Petit modèle d'armure complète, noire et garnie de clous de
   cuivre, de l'époque de Louis XIII.

On retrouve, dans ce curieux spécimen, encore muni de toutes ses
anciennes garnitures, tous les types les plus accusés du règne de
Louis XIII : cuirasse à taille courte, épaulières carrées et symétriques, grands cuissards à genouillères, très-grand garde-reins,
casque à visière plate et mobile, avec grand gorgerin d'une seule
pièce ; grèves fermées avec leurs solerets ; gantelets à doigts
détachés.

34. — Cuirasse de ville, de l'époque de Louis XIII, en fer noirci.

Le plastron, fixé à la dossière par des charnières, s'ouvre en deux
parties. Il est garni sur toute sa longueur d'une rangée de boutons
pour mieux imiter le pourpoint civil.
Pièce très-rare.

35. — Cuirasse de ville, du XVIIe siècle.

S'ouvrant à charnières en quatre parties, ornée de clous en cuiv
et d'un double filet gravé. Elle représente la dernière forme
genre de cuirasse et se rencontre très-rarement, même dans
musées.

36. — Armure de cuirassier, en fer bronzé à la sanguine.

Cette armure, la dernière en usage, date de la fin du règne de
Louis XIII ou du commencement de celui de Louis XIV, 1645
environ. Le casque, finement cannelé, à visière plate et fixe avec

un nazal mobile, est pourvu de deux oreillères à fleurons repercés à jour, et d'un très-large couvre-nuque articulé et à festons : il porte encore son ancienne garniture en soie bleue. Épaulières symétriques et de forme carrée. Cubitières à petites ailes : un système de lames mobiles protége la saignée du bras. Le plastron très-court, porte une braconnière à laquelle sont fixés par des crochets les grands cuissards à lames articulées et festonnées, avec genouillères. La dossière a un grand garde-reins articulé. Toutes les boucles, crochets et clous de cette armure ont été dorés.

Armure extrêmement remarquable et dont la pareille n'existe nulle part, dans aucune collection publique ou particulière.

FRAGMENTS D'ARMURES.

37. — Plastron d'une armure du milieu du XVe siècle, en deux pièces, avec la pansière, signe caractéristique de l'armure gothique ou à poulaines.

38. — Plastron d'une cuirasse italienne, bronzée, de la fin du XVe ou du commencement du XVIe siècle; avec sa braconnière à lames articulées.

Il est de forme très-allongée et d'une rare élégance. Une jolie gravure de rinceaux et de dauphins borde toutes les pièces, et au centre du plastron, dans un médaillon ovale, est représentée une figure de sainte, en pied. Toutes ces gravures sont dorées.

Pièce éminemment remarquable.

39. — Dossiére d'une cuirasse de l'époque de François Ier, bordée d'un filet en torsade.

Elle a été trouvée dans les environs d'Abbeville (Somme).

40. — Plastron d'une cuirasse de ville de l'époque de Henri III, unie.

La pointe, très-allongée, conformément à la mode la plus exagérée de ce règne, est articulée en trois pièces.

Pièce remarquable et d'une grande élégance.

41. — Plastron d'une cuirasse de l'époque de Henri III, à bandes horizontales, alternativement brunies et argentées. Il est en deux pièces articulées, et portait un faucre. Travail italien.

42. — Plastron et dossière d'une cuirasse de l'époque de Louis XIII, unie.

La taille est très-courte et en pointe. Au bas du plastron et de la dossière sont des pivots à clavettes auxquels s'attachaient directement, sans braconnière, les cuissards et le garde-reins.

Cette cuirasse a été trouvée dans les greniers de l'hôtel-de-ville d'Aumale (Seine-Inférieure), en 1867.

43. — Haute-pièce d'une armure de joute, de grandes dimensions, avec une saillie pour préserver l'épaulière. Seconde moitié du XVIᵉ siècle.

44. — Brassart droit, complet, d'une armure de l'époque de Henri IV.

Fond bruni sur lequel sont semées des aigles éployées surmontées d'une couronne ducale, et un monogramme couronné, le tout gravé et doré. Un système de lames articulées protége la saignée du bras.

Très-belle pièce provenant de l'armure d'un prince allemand.

45. — Paire de brassards en acier poli, cloutés de cuivre, de l'époque de Henri IV.

Les épaulières sont formées de lames disposées en éventail et réunies à leur point d'intersection par deux boutons d'applique en bronze doré, en forme de mufles de lion. Ces épaulières ont appartenu à la même armure que la bourguignote Nº 98 du catalogue.

46. — Épaulière et brassard droit, complet, à petite cubitière et à lames articulées sur la saignée ; grand cuissard gauche, à genouillère, complet, se partageant à volonté en deux parties pour supprimer la genouillère et former tassette ; et moitié inférieure, avec la genouillère, du cuissard droit.

Ces pièces proviennent d'une armure française de cavalier de la fin du XVIe siècle, règne de Henri IV. D'une remarquable beauté, elles portent, sur un fond bruni, des rinceaux et des ornements gravés et dorés d'une grande richesse et du plus bel effet décoratif.

47. — Brassard droit, complet, d'une armure allemande de l'époque de Louis XIII.

Il est bruni, à filets et bordures dorés. La dernière lame de l'épaulière porte les lettres suivantes, dorées : R. C. S. W. S. X S. M. L'avant-bras est fermé par une courroie à boucle.

48. — Grand hausse-col d'officier, de l'époque de Louis XIII ; fond bruni, à bandes dorées.

Il était porté avec le buffletin, N° 64 du catalogue, et complétait avec lui la défense du corps.

49. — Paire de cuissards unis, du milieu du XVe siècle, d'une très-belle forme.

L'aile des genouillères présente un grand développement. Ils sont poinçonnés d'une tête de roi de profil, avec une couronne fleurdelysée.

50. — Tassette, cuissard et grève d'une armure de joûte de la fin du XVIe siècle, brunis, à filets et bordures dorés.

Le soleret est de la forme dite en bec de cane. — Très-belle fabrication.

51. — Cuissard droit, à bandes cannelées, d'une armure maximilienne : première moitié du XVIe siècle.

52. — Cuissard gauche d'une armure max'milienne, à bandes alternativement cannelées et gravées. Même époque.

53. — Gantelet gauche, de la forme dite à miton, d'une armure du XVIe siècle.

Très-long canon, à bordures festonnées à filets. Le miton reproduit la forme des doigts, et même les ongles. Le pouce, seul, est détaché.

54. — Paire de longs gantelets à mitons, fond noir à bandes dorées, garnis de leurs vieux gants et de leurs anciennes garnitures. Fin du XVIe siècle.

55. — Gantelet gauche, à miton, d'une armure de la deuxième moitié du XVIe siècle ; noir, à clous dorés, bordé d'un filet en torsade.

Il porte son ancien gant. Le pouce, détaché, enveloppe complètement l'extrémité du doigt, particularité à remarquer.

56. — Gantelet gauche, à grand canon, tenant lieu de brassard d'avant-bras, d'une armure de reître : noir, à bandes dorées. Deuxième moitié du XVIe siècle.

57. — Gantelet gauche, de même époque et de même forme que le précédent. Il est également noir à bandes dorées.

58. — Paire de gantelets unis, bordés d'un filet en torsade, d'une armure de la deuxième moitié du XVIe siècle : ils sont à mitons.

Le gantelet droit est pourvu, à l'extrémité des doigts, d'une pièce allongée qui vient s'attacher au poignet, de sorte que l'arme se trouve serrée dans la main d'une manière inflexible, ce qui donne à ce gantelet une forme très-rare et très curieuse.

59. — Gantelet gauche d'une armure de l'époque de Louis XIII ;
noir, à clous de cuivre.

Il porte encore son ancien gant. Les doigts sont détachés.

60. — Petite rondelle à poing, du XVe siécle, unie, bordée de
clous de cuivre festonnés, avec son crochet de ceinture.

Provenant de la collection de M. de Rosières.

61. — Rondelle de lance d'une armure de joûte, unie, garnie de
clous de cuivre. Fin du XVIe siècle.

62. — Rondelle de lance, de la même époque et de la même forme.

63. — Fragment d'une brigandine recouverte de velours violet et
parsemée de clous de cuivre.

La bordure est découpée à festons. — XVIe siècle.

64. — Buffletin sans manches, à longue jupe, de cavalier, fait de
buffle très-épais et orné de galons en soie jaune.

Par dessus ce vêtement, en usage sous Louis XIII et Louis XIV,
pour tenir lieu d'armure, on portait un hausse-col de grande dimension, analogue à celui Nº 48 du catalogue.

65. — Porte-épée en cuir façonné à jour, époque de Henri III.

66. — Porte-épée en soie brodée.

Le crochet de ceinture porte quelques damasquinures d'argent.
Époque de Henri III.

67. — Grand porte-épée, en buffle, de l'époque de Henri IV.

Le crochet de ceinture et les boucles ont été dorés. Remarquable
par sa belle conservation.

68. — Porte-épée en cuir jaune découpé à jour sur fond de soie verte, de la fin du XVIe siècle.

Crochet de ceinture et boucles dorées.

69. — Une paire de bottes de cheval, époque de Henri III : les revers sont découpés à jour.

Un bourrelet de cuir, découpé à jour, entoure la botte à la hauteur de la jarretière.

70. — Une paire de bottes fortes, d'uniforme, avec leurs éperons et de très-larges entonnoirs, de l'époque de Louis XV.

Elles ont appartenu à Louis-René de Belleval, marquis de Bois-Robin, chevau-léger de la garde des Rois Louis XV et Louis XVI et mestre de camp de cavalerie de 1758 à 1789.

CASQUES.

71. — Salade d'archer, sans visière, avec une très-légère crête sur le sommet et un couvre-nuque assez court.

Elle est forgée d'un seul morceau. Milieu du XVe siècle.

72. — Casque, dit chapeau de Montauban, en acier, forgé d'un seul morceau, avec une légère crête au sommet de laquelle on voit un trou destiné sans doute à recevoir un plumail.

Sur les deux faces du timbre se trouve une marque de fabrique, une tête de roi de profil, cerclée d'une couronne fleurdelysée, la même que l'on remarque sur les deux cuissards N° 49 du catalogue. Milieu du XVe siècle.

73 — Salade italienne, à visière mobile, de la forme dite à soufflet, d'une seule pièce, percée de quelques ouvertures horizontales et circulaires.

Le timbre, arrondi, porte une arête large mais peu saillante. Le couvre-nuque, court, est articulé à trois lames. Fin du XVe siècle.

74. — Armet de guerre, de la fin du XVe siècle, dit à rondelle.

La visiere, d'une seule pièce, formant à la fois vue et ventail, se termine en pointe projetée en avant et offre dans la partie du ventail des cannelures très-peu profondes affectant la forme du soufflet; elle se renverse en arrière sur la crête peu saillante et formée en torsade. Le timbre porte une pièce de renfort. La mentonnière est de deux pièces s'ouvrant sur charnières et se terminant en évasement avec une bordure en torsade; elles se relient à la queue du timbre au milieu de laquelle est une ouverture pour la tige qui soutenait la rondelle. Une courroie, partant de l'extrémité postérieure de l'une de ces deux pièces, passe par dessus l'autre et vient se boucler à la première sur le devant.

Casque d'une belle forme et d'une grande rareté.

75. — Salade à timbre cannelé et à bandes gravées, à arête.

Elle est pourvue d'une large visière plate et mobile, pouvant se renverser sur le timbre. Le couvre-nuque, en pointe, est formé de deux lames articulées. Fin du XVe siècle ou commencement du XVIe.

76. — Très-beau casque à bandes gravées et dorées, provenant d'une armure dite à *tonne*, avec laquelle on combattait à pied en champ-clos.

Le casque se fixait à la cuirasse, par devant et par derrière, au moyen de deux écrous, ce qui excluait le colletin; mais ses grandes proportions permettaient de tourner la tête dans l'intérieur. Le mézail, d'une seule pièce, se renversant sur le timbre, a la forme dite à soufflet dont chaque face est percée d'une multitude de trous servant en même temps à la vue et à la respiration. Commencement du XVIe siècle.

Pièce très-rare.

77. — Armet de guerre, noir, d'une armure maximilienne, d'une forme très-remarquable et très-caractéristique.

Le timbre est entièrement cannelé, sans crête, et fortement

projeté en arrière. La visière, d'une seule pièce, représente un soufflet très-prononcé. La mentonnière, d'une forme exagérée, est beaucoup plus développée que dans les autres casques de cette époque : elle s'ouvre en deux parties sur charnières et porte le bourrelet destiné à recevoir le colletin. Commencement du XVIᵉ siècle.

Les armures maximiliennes, noires, sont inconnues dans la panoplie. A en juger par l'armet, celle à laquelle il appartenait devait être exceptionnelle.

78. — Armet de guerre d'une armure maximilienne.

Timbre entièrement cannelé : gorgerin articulé. La forme du mézail, percé d'une grande quantité de trous, est à remarquer. Milieu du XVIᵉ siècle.

79. — Armet de guerre d'une armure maximilienne ; timbre entièrement cannelé.

Mézail d'une seule pièce, de la forme dite à soufflet. Le timbre, arrondi et sans crête, porte de nombreuses traces de coups de masse et de hache d'armes. Mentonnière et gorgerin d'un seul morceau ; couvre-nuque articulé à trois lames.

80. — Armet d'une armure maximilienne, en forme de bourguignote.

Timbre cannelé et arrondi : visière plate et fixe, très-longue et très-pointue. Gorgerin très-court et d'un seul morceau. Oreillères mobiles autour de charnières formant mentonnière, couvrant toute la partie inférieure du visage et fermées par devant par un bouton. Ce casque, très-leger et de la forme la plus rare, porte encore quelques traces de son ancienne garniture. Première moitié du XVIᵉ siècle.

81. — Armet de guerre de l'époque de François Iᵉʳ.

Le mézail, très-prononcé, est en deux pièces. La pointe du nazal s'engage entièrement derrière celle du ventail. Celui-ci, mobile autour des mêmes pivots que le nazal, et pouvant également se renverser sur le timbre, est percé pour la respiration, des deux côtés, de longues fentes verticales en forme d'L majuscule renversée. Il était fixé à la mentonnière par un crochet. Le gorgerin manque.

Ce casque, d'une belle forme, mais très-endommagé par la rouille, a été trouvé dans les environs d'Abbeville (Somme).

82. — Casque de joute, très-pesant, uni, à bourrelet.

Visière en deux pièces : ventail percé d'une grande quantité d'ouvertures. La mentonnière, s'ouvrant par le milieu et tournant autour de charnières, est fermée par devant au moyen d'un crochet. Deuxième moitié du XVI⁰ siècle.

83. — Casque de joûte, à bourrelet.

Sa grandeur exceptionnelle permettait au cavalier de tourner la tête dans l'intérieur du casque. Mézail en deux parties réunies par un ressort. Au-dessus de la vue sont neuf trous ronds. Le ventail est percé de chaque côté de douze grandes ouvertures en lozange. Toute la partie postérieure du timbre est percée d'une grande quantité d'ouvertures rondes. Porte-plumail en bronze doré. A la mentonnière est la fourchette d'appui qui servait à maintenir le mézail relevé. Seconde moitié du XVI⁰ siècle.

84. — Armet de la deuxième moitié du XVI⁰ siècle, français; époque de Charles IX.

La vue et le ventail, en deux pièces, peuvent se renverser sur le timbre. Au-dessous de la vue, le nazal est percé, à droite, de quatre ouvertures verticales, et à gauche de quatre ouvertures composées chacune de trois trous ronds. Le ventail est rattaché à la mentonnière par un ressort : il porte, à droite, sept ouvertures rectangulaires et verticales, et à gauche neuf ouvertures composées chacune de trois trous. Il porte en outre, à droite, un trou taraudé destiné à fixer la haute-pièce à l'armet, quand on s'armait en joûte. Le gorgerin est composé de deux lames articulées, et bordé d'un filet saillant en torsade. Cet armet, assez pesant, porte encore toute sa garniture intérieure du temps, en toile matelassée et piquée.

85. — Armet de la deuxième moitié du XVIᵉ siècle, orné de bordures et de bandes finement gravées au burin.

Timbre arrondi portant une légère arête saillante. Mézail, en deux pièces. La vue s'engage assez profondément derrière la pointe du ventail qui ne porte aucune ouverture. Le ventail n'est maintenu que par son propre poids sur la mentonnière. Gorgerin à deux lames. Ce casque présente à la partie postérieure du timbre quatre lames articulées qui permettaient au cavalier de renverser la tête en arrière. Cette disposition, exceptionnelle, ne se remarque que dans le casque de l'armure de Galyot de Genouillac, grand-maître de l'artillerie, Nᵒ G 28 du musée d'artillerie.

86. — Armet de guerre, allemand, uni, à bourrelet.

Le timbre porte une crête saillante. Le mézail, d'une seule pièce, se renverse sur le timbre. Le ventail est percé sur ses deux faces d'une quantité de trous ronds, symétriques, destinés à la respiration. On remarque, au-dessus de la vue, deux trous taraudés qui servaient à recevoir une pièce de renfort. Deuxième moitié du XVIᵉ siècle.

87. — Armet de guerre, uni, à bourrelet.

La crête, peu élevée, est comme une arête saillante. La vue est fixée au ventail par un ressort, ainsi que celui-ci à la mentonnière. Ces deux pièces se renversent à volonté sur la crête et sont maintenues dans cette position par un support à fourche fixé par un pivot mobile sur la mentonnière. Au côté droit du ventail est une petite porte rectangulaire pour la respiration, auprès de laquelle est un trou taraudé destiné à recevoir la haute pièce quand on s'armait pour la joûte. Deuxième moitié du XVIᵉ siècle.

11

88. — Bourguignote en fer noirci, à crête peu saillante et bordée
d'une torsade.

La visière, plate, de grandes proportions, est mobile autour de
deux pivots et peut se renverser sur le timbre. Le couvre-nuque est
articulé et les oreillères sont mobiles sur charnières. Milieu du
XVIe siècle.

89. — Bourguignote noire à bandes polies.

Le timbre a pour crête un gros filet en torsade. Visière plate et
mobile. Courtes oreillères. Porte-plumail en cuivre ouvragé, placé
sur le côté droit du timbre. Milieu du XVIe siècle.

90. — Bourguignote en fer noirci, bordée d'un filet en torsade.

Le timbre se termine en pointe. Visière courte, plate et fixe :
courtes oreillères à charnières. Porte-plumail placé sur le côté
gauche du timbre. Milieu du XVIe siècle.

91. — Armet de guerre de l'époque de Henri III, à bandes gravées
de trophées d'armes et d'animaux chimériques d'une riche
et belle exécution.

Le timbre porte une crête élevée bordée d'une torsade. Le
mézail, peu saillant conformément au style des casques de cette
époque, est en deux pièces. Le ventail donne l'air nécessaire à la
respiration par neuf ouvertures circulaires disposées en rosace à sa
partie droite : il se relie par un crochet à la mentonnière. Le gorgerin est articulé à trois lames. Travail italien.

92. — Armet de guerre, à bandes gravées et dorées, à rinceaux, de
l'époque de Henri III.

Timbre presque sphérique, avec une crête peu élevée, bordée
d'une torsade. Le mézail, court, est en deux pièces. Le gorgerin
manque.

93. — Casque, dit Secrète, de l'époque de Henri III.

C'est une calotte de fer, à petits bords plats par devant, et emboîtant exactement la tête. On remarque, tout autour, les trous par lesquels on fixait l'étoffe. Cette coiffure n'était que la doublure de la toque du costume civil sous laquelle elle était entièrement dissimulée. Cette pièce, d'une extrême rareté et introuvable dans les collections publiques et particulières, composait, avec la cuirasse Henri III, n° 18 du catalogue, une armure secrète complète.

94. — Bourguignote de l'époque de Henri III.

Le timbre, en pointe, est à côtes alternativement peintes en brun et dorées. Visière plate et fixe. Oreillères à charnières, formant mentonnière et s'ouvrant par le milieu, et couvrant le visage jusqu'au nez, de sorte que les yeux seuls étaient visibles entre le sommet de cette mentonnière et la visière plate. — Elle offre une grande analogie avec celle de l'armure du duc de Mayenne, G, **76**, au musée d'artillerie. — Forme très-élégante et très-rare.

95. — Grand morion de l'époque de Henri III, entièrement couvert d'ornements en rinceaux.

Les sujets représentés sur les deux côtés du timbre sont des combats de guerriers romains. La crête est d'une hauteur exceptionnelle.

96. — Bourguignote de l'époque de Henri III, en fer bruni.

Crête très-élevée. Oreillères mobiles avec rosaces en relief : visière plate et fixe, en pointe. Cette bourguignote est bordée dans toutes ses parties par une bande de velours noir fixée avec des clous de cuivre doré à têtes façonnées en étoiles.

97. — Petit morion allemand, entièrement couvert de gravure de rinceaux, d'ornements et de figures portant le costume du temps de Henri III.

98. — Bourguignote d'officier, de l'époque de Henri III, à crête prononcée et grandes oreillères.

Elle avait un garde-face dont on voit encore les attaches. Elle
est cloutée en cuivre avec des rondelles festonnées, et ornée d'un
grand porte-plumail en cuivre façonné, fixé sur le côté gauche du
timbre. Elle provient de la même armure que les brassards N° 45
du catalogue.

99. — Bourguignote de l'époque de Henri III, bordée d'un filet en
torsade.

Timbre projeté en arrière, à oves repoussés, terminé par un
bouton. Visière plate et fixe. Garde-face articulé et percé d'ouvertures symétriques. Derrière le garde-face se trouve une barre de
nazal fixe.

100. — Armet de guerre, de la fin du XVIᵉ siècle, en acier poli, avec
une crête élevée, bordée d'une grosse torsade.

Cette crête est entièrement gravée de rinceaux d'ornement et
d'animaux chimériques, autrefois dorés. Les boulons qui maintiennent le mézail, en deux pièces, sont dorés. Le mézail est d'une
forme assez accentuée. Gorgerin articulé. Ce casque est très-pesant.
Il a un porte-plumail, en cuivre doré, placé sur le côté droit du
timbre.

101 — Bourguignote, en fer noirci, de la fin du XVIᵉ ou du commencement du XVIIᵉ siècle.

Le timbre, cannelé, est surmonté d'une crête plate terminée
par un bouton. Le garde-face, à lames articulées ; à la dernière
lame sont deux bourrelets à jour correspondant aux yeux. Gorgerin
articulé. Ce casque est remarquable par ses vastes proportions.

102. — Morion gravé et entièrement couvert de damasquinures d'or
et d'argent.

Il est de grande et belle proportion, avec un cimier très-élevé,

sur chacun des côtés duquel est représentée une ville. Sur le timbre
sont divers sujets : villes, ornements avec trophées d'armes au
milieu d'entrelacs. — Travail français se rapportant à la date de
1588 à 1590.

103. — Armet de guerre, de l'époque de Henri IV, noir à bandes
    dorées représentant des dauphins et des couronnes fleur-
    delysées.

Le nazal est très-saillant. La mentonnière et le ventail manquent.
Gorgerin d'une seule pièce.

104. — Armet de guerre, français, de l'époque de Henri IV ou du
    commencement de Louis XIII ; entièrement gravé.

Vue largement coupée : Ventail maintenu par un crochet à la
mentonnière. Gorgerin d'une seule pièce.

105. — Chapeau en fer noir, avec bordure, cordon et clous dorés.
    Barre de nazal terminée en fleur de lys. Époque de Henri IV.
    Pièce très-rare et très remarquable.

106. — Casque de soldat, en fer noirci, de la première moitié du
    XVII° siècle.

Le mézail d'un seul morceau, percé d'ouvertures pour la bouche
et pour les yeux, est attaché à une visière plate, et peut se renverser avec elle sur le timbre.

107. — Casque de l'époque de Louis XIII, à très-grand gorgerin de
    trois lames articulées.

Le timbre, cannelé, est terminé par un gland. La visière plate
et mobile autour de deux boutons, peut se renverser sur le
timbre. Garde-face articulé, composé de six lames ; à la dernière
lame sont deux bourrelets à jour correspondant aux yeux. Toutes
les pièces sont bordées d'un double filet et semées d'une grande
quantité de clous.

108. — Casque de l'époque de Louis XIII, d'une forme très-belle et très-rare.

Le timbre, à oves repoussés, est surmonté d'une crête plate terminée par un bouton. La vue et le nazal sont mobiles, ainsi que le ventail qui s'attache à la mentonnière par un crochet. Très-grand gorgerin en deux pièces. Ce casque, en fer noirci, est parsemé d'une grande quantité de clous dorés, en bordures, rosaces, etc.

109. — Casque de l'époque de Louis XIII.

Le timbre, rejeté en arrière, est surmonté d'une petite crête. Gorgerin d'une seule pièce. Mézail en deux pièces, de la forme ordinaire.

110. — Casque noir, à timbre de forme ronde, pourvu de deux grandes ailes en éventail, repercées à jour.

Visière plate et grand couvre-nuque articulé. Ce casque, de l'époque de Louis XIII, était porté par une compagnie d'hommes de pied.

111. — Casque de la première moitié du XVIIᵉ siècle, en fer noirci, à bordures dorées, de la dernière forme en usage.

La défense du visage n'est fournie que par une barre de nazal fixée à une visière plate et mobile avec laquelle elle peut se renverser sur le timbre. Gorgerin d'une seule pièce.

112. — Casque à grille, de la fin du règne de Louis XIII, à bandes gravées et dorées.

La grille est surmontée d'une visière plate, indépendante, et qui peut se renverser sur le timbre. Gorgerin à deux lames.

113. — Casque d'infanterie, du milieu du XVIIᵉ siècle, à visière plate.

Il porte un appareil à calotte et à tiges de fer qui, se prolongeant autour de la tête, fournissait une certaine défense pour le cou et pour le visage. Ces tiges sont mobiles et à charnières au point où elles joignent le bord de cette coiffure. Le timbre seul est noir : tout le reste est poli.

ÉPÉES ET ARMES BLANCHES.

114. — Épée courte, du XIVe siècle.

Pommeau aplati sur ses deux faces, quillons unis et se dirigeant légèrement vers la lame, qui est large et à deux tranchants.

115. — Épée d'armes, de beau style, milieu du XVe siècle.

Poignée en fer noir. La croisette, à quillons aplatis et recourbés vers la pointe, porte au milieu, sur une branche détachée, un écusson présentant encore quelques vestiges de blason. Pommeau taillé à pans. Lame large au talon, à double tranchant, avec arête saillante dans toute sa longueur.

116. — Épée à deux mains, de la fin du XVe siècle, portant la marque de fabrique d'Abbeville, un A dans un cercle.

La poignée est garnie de sa fusée du temps, en cuir noir. Le pommeau est rond et à côtes. Les quillons, droits et symétriques, sont terminés par des boutons. Garde de forme ordinaire. Pas de petite garde. La lame, droite et à deux tranchants, porte deux gorges d'évidement jusqu'au milieu de sa longueur.

117. — Épée saxonne de la fin du XVe ou du commencement du XVIe siècle.

Poignée en fer noirci : quillons droits, aplatis aux extrémités. Double garde; pas-d'âne; contre-garde à croisette; pommeau uni allongé en ovale. Lame droite à dos, avec gouttière sur les deux faces.

118. — Épée italienne, de la deuxième moitié du XVIe siècle.

Poignée en fer noirci, damasquinée d'argent. Pommeau en forme de poire. Triples branches; double garde et contre-garde fournies par deux coquilles percées de jours à étoiles. Pas-d'âne. Quillons droits et longs. Lame à arête adoucie.

119. — Épée de la deuxième moitié du XVIe siècle, unie.

Pommeau cannelé, en forme de poire; triples branches; double garde; contre-garde à trois branches; pas-d'âne; quillons droits; lame à arête adoucie; marque de fabrique au talon.

120. — Épée de la deuxième moitié du XVIe siècle, époque de Charles IX.

Poignée noire; pommeau uni, très allongé en ovale; quillons droits, longs, ronds et renflés à leur extrémité; garde et double-garde; contre-garde formée d'une branche croisée en forme de huit en chiffre. Belle lame à arête adoucie : dans la gorge d'évidement est le nom de Sébastien Hernie répété sur les deux faces. — Il faut remarquer sur le bouton du pommeau la rivure en pointe de diamant, comme il est très-rare d'en rencontrer; elle était adoptée par les meilleurs armuriers et prouve que cette épée n'a jamais été démontée. L'épée est de la forme dite *estoc*, c'est-à-dire sans branches, ce qui permettait à la main armée du gantelet de la saisir plus facilement. L'épée avec branches indiquait plutôt l'épée de ville, et l'estoc était l'arme de guerre. Cette epée est complétée par la dague N° **151** du catalogue.

121. — Épée de l'époque de Charles IX ou de Henri III.

La poignée, dorée en plein, est du caractère le plus grandiose : elle est entièrement faite en forme de branchages d'arbres. Pommeau quadrillé, demi-cylindrique; triples branches rejoignant le pommeau; très-longs quillons droits; pas-d'âne, triples gardes, celle du bas est formée par une plaque repercée à jour; triples contre-gardes symétriques et pareilles aux gardes. La lame, plate et à deux tranchants, porte une légère gorge d'évidement sur un cinquième de sa longueur. Au talon, on voit la marque et le nom de l'armurier Antonio Picinino.

122. — Épée de l'époque de Henri III.

Poignée dorée en plein, taillée à facettes; pommeau ovale; triples branches; quillons recourbés en sens inverse; triples gardes, la dernière formée d'une plaque repercée à jour; contre-garde à quatre branches. Très-belle lame portant au talon un B couronné, avec deux ancres, et une triple gorge d'évidement dans laquelle la lettre M est répétée quatre fois de chaque côté.

123. — Épée à poignée noire, à garde tournée en corde; branches doubles; quillons longs et droits; pas-d'âne; triples gardes; contre-garde à quatre branches; lame unie. Époque de Henri III.

124. — Épée de l'époque de Henri III, d'une grande élégance de forme.

Poignée en fer noirci, pommeau en forme de gland. Branches doubles; quillons droits; doubles gardes, la seconde formée par une plaque repercée à jour; contre-garde à trois branches; très-belle lame terminée en spatule; marque de fabrique au talon; gorge d'évidement dans laquelle est gravée le nom *Johannis Brech*.

125. — Épée de l'époque de Henri III.

Poignée en fer noirci, entièrement vermicellée. Pommeau rond, aplati aux deux extrémités. Branches triples; quillons recourbés légèrement en sens inverse; doubles gardes, la seconde formée par une petite plaque repercée à jour; contre-garde à deux branches réunies par une plaque allongée, également repercée à jour. — Magnifique lame, quadrangulaire, portant une double gouttière des deux côtés sur toute sa longueur, et poinçonnée d'un aigle éployé, à deux têtes, au talon. — Cette épée d'une forme et d'une pureté admirables, a sa dague (voir N° 152 du catalogue), son fourreau en cuir noir avec bout en fer noir, et son ceinturon complet avec le porte-épée, en velours noir semé de fleurs brochées en soie noire. Toutes les garnitures du ceinturon et du porte-épée, les boucles, les crochets, etc,, sont en fer noir vermicellé comme la poignée de l'épée et de la dague.

126. — Belle épée française, à garde avec deux coquilles repercées à jour et quillons recourbés en sens inverse, d'une très-belle forme.

Elle est entièrement dorée et ornée d'une très-fine et jolie ciselure d'ornements, sur ses deux faces. Belle lame avec talon à gouttières, et fourreau en cuir avec bout en fer ciselé et doré. — Pièce remarquable du temps de Henri IV.

127. — Belle épée française, de l'époque de Henri IV, entièrement ciselée et dorée.

Pommeau aplati. Garde avec deux coquilles repercées à jour et quillons recourbés en sens inverse. Belle lame avec talon à gouttière; elle a son fourreau en cuir avec bout en fer doré et son porte-épée en cuir avec ornements en soie piquée. — Pièce très-remarquable.

128. — Épée de l'époque de Henri IV.

Poignée en fer noirci. Pommeau rond à larges cannelures; triples branches; quillons recourbés en sens inverse; garde, double-garde formée par une plaque repercée à jour; contre-garde formée de deux branches et d'une plaque repercée à jour et beaucoup plus grande que celle de la double-garde; pas-d'âne. Longue lame à arête adoucie portant la marque du loup.

129. — Épée de l'époque de Louis XIII.

Poignée en fer noirci; garde à treillis, en forme de coquille dentelée sur les bords. Le pommeau rond, l'extrémité du quillon et le milieu de la simple branche sont également à treillis. Très-longue lame quadrangulaire.

130. — Épée de l'époque de Louis XIII.

Toute la poignée, très-ample, est en fer noirci. Pommeau cannelé, légèrement plati. Fusée de l'époque, en filigrane de cuivre. Quillons plats, recourbés en sens inverse. Pas-d'âne. Triples branches. Garde, double-garde formée par une large plaque repercée à jour. La contre-garde est absolument symétrique. Le talon de la lame est encore revêtu de son cuir noir. Longue lame à arête, avec une petite gorge d'évidement dans laquelle est répétée de chaque côté cette devise : *Fide sed cui vide*.

Cette épée, d'une forme très-gracieuse et d'une grande pureté, n'a jamais été démontée.

131. — Épée de l'époque de Louis XIII, française.

Toute la poignée, noire, affecte le travail d'une pomme de pin. La fusée est une pomme de pin allongée. Trois autres petites pommes de pin se retrouvent à l'extrémité du quillon, au milieu de la branche et au milieu de la garde : une seule branche, une seule garde et un seul quillon, recourbé vers la lame. Lame espagnole, mince, à talon doré et portant une gorge d'évidement dorée jusqu'au tiers de sa longueur. Dans cette gorge, on lit : *No me saques sin rason, no me embaines sin honor.*

132. — Épée de duel, de l'époque de Louis XIII, avec son fourreau, à poignée en fer bleui.

Coquille en forme de panier, entièrement repercée à jour : quillons droits et ne dépassant pas les bords de la coquille. Pommeau en forme de poire allongée. Lame carrée, très-fine, terminée en spatule, et exceptionnellement longue.

133. — Épée semblable à la précédente, avec son fourreau.

La lame est triangulaire et un peu moins longue.

134. — Rapière espagnole, du milieu du XVIIᵉ siècle, dite à coquille ou à panier, à poignée en fer ciselé.

Pommeau aplati; coquille repercée à jour, longs quillons droits

terminés par des boutons pareils au pommeau. Pàs-d'âne intérieur
à la coquille : petite coquille intérieure également repercée à jour ;
lame à arête ordinaire, avec une gorge d'évidement.

135. — Rapière espagnole, de la deuxième moitié du XVIIe siècle.

Poignée brunie. La garde et la contre-garde sont fournies par
deux coquilles symétriques percées de jours à étoiles et bordées d'une
torsade. Pas-d'âne intérieur aux coquilles : quillons droits et
symétriques ; pommeau de forme ovale et cannelé. Longue lame
portant une arête sur chaque face ; une tête de Maure, le nom
de *Hans Ollich*, et ces deux devises : *Soli Deo gloria, Fide sed
cui vide*.

136. — Épée à poignée dorée.

Pommeau rond ; branche simple, garde fournie par une coquille
repercée à jour ; quillons courts et droits. La lame dorée au talon,
porte un aigle éployé, les lettres A. R. couronnées, et l'inscription
Recte facias, neminem timeas, tandem bona causa triumphat. —
Époque de Louis XIV.

137. — Épée de la deuxième compagnie des Mousquetaires à cheval
de la garde du Roi.

Lame large, à un seul tranchant, sur laquelle est gravé : **2e compagnie des Mousquetaires du Roy**, et la croix fleurdelysée. — La
garde est moderne.

138. — Épée d'uniforme, de l'époque de Louis XV et Louis XVI.

Poignée en argent. Garde en double coquille, de la forme ordinaire, présentant des attributs guerriers ciselés en relief sur fond
pointillé. Lame triangulaire, très-large au talon, dite colichemarde.

Cette épée a appartenu successivement à Léonor-Chrétien-René
de Belleval, marquis de Bois-Robin, mousquetaire de la Garde du
Roi, en **1750** ; puis à son fils, Louis-René de Belleval, marquis
de Bois-Robin, mestre-de-camp de cavalerie, **1759** à **1789**.

139. — Épée entièrement semblable à la précédente, mais munie de son fourreau en chagrin noir avec ses garnitures en argent.

Elle a appartenu à Louis-René de Belleval, marquis de Bois-Robin, mestre-de-camp de cavalerie, 1759 à 1789.

140. — Épée semblable à celles qui précèdent, mais dont la poignée était dorée en plein.

Elle a appartenu à Jean-Baptiste-Nicolas-Bénigne Vincent d'Hantecourt, comte de Raimecourt, capitaine au régiment de Chartres, infanterie, en 1770.

141. — Épée de l'époque de Louis XV.

Poignée en argent entièrement repercée à jour : garde ronde et plate. Lame triangulaire, dont le talon est bleu et doré. Au revers de la lame, sur un écusson est gravée l'inscription suivante : *Chevalier d'Arville, officier des gardes du Roi Louis XV.* Fourreau en cuir blanc, avec ses garnitures en argent.

142. — Épée d'enfant, époque de Louis XV.

Poignée en vermeil. Garde à doubles coquilles repercées à jour, ainsi que la branche et le pommeau. Fourreau en cuir vert.

143. — Claymore écossaise, avec son fourreau. XVIIIe siècle

144. — Épée d'exécution.

Poignée brunie. Pommeau arrondi. Quillons droits. Lame plate, à deux tranchants. Le talon, carré, porte deux gorges d'évidement, dans lesquelles on lit : *Clemens Horn me fecit Solingen.* Elle est poinçonnée de trois têtes de licorne superposées.

Cette épée, vendue par Sanson, le dernier bourreau de Paris, de cette famille, a servi, ainsi que le porte son attestation jointe à l'épée, à l'exécution du comte de Lally-Tollendal, à Paris, puis du chevalier de La Barre, à Abbeville, les deux derniers gentilshommes exécutés par le glaive.

145. — Sabre de mousquetaire de la Garde du Roi, modèle de 1814.

Poignée en cuivre doré.

146. — Sabre des Gardes du corps du Roi, modèle de 1814.

147 — Couteau de chasse, époque de Louis XIV.

Garde en coquille représentant un sujet de chasse ; branche à un quillon ; monture en bronze doré. Lame à un seul tranchant, dorée au talon. Fourreau en cuir, dans lequel sont le couteau et la fourchette à manches en bronze doré.

148. — Couteau de chasse, époque de Louis XV.

Lame très-large, poignée en ivoire, garde en argent. Avec son fourreau garni en argent.

149. — Couteau de chasse, époque de Louis XV.

Poignée en fer gravé, fusée en corne de cerf.

150. — Petite dague du XVe siècle.

La lame est quadrangulaire. Simple garde formée par deux serpents qui mordent un anneau. Fusée en bois noirci. Pommeau en forme de demi-sphère.

151. — Dague de la deuxième moitié du XVIe siècle, époque de Charles IX.

Elle accompagne l'épée Nº 120 du catalogue. Poignée noire. Pommeau uni en ovale allongé ; quillons droits, ronds et renflés à leur extrémité ; simple garde à anneau. Le fourreau, du temps, en cuir noir, avec toutes ses garnitures. Lame large à arête médiane et à deux tranchants.

152 — Dague de l'époque de Henri III.

E..e accompagne l'épée N° 125. Poignée en fer noirci entièrem vermicellé. Pommeau rond, aplati aux deux extrémités. Quillon légèrement recourbés en sens inverse. Garde simple avec plaque repercée à jour. Magnifique lame, de même forme que celle de l'épée, mais entièrement repercée à jour. Fourreau en cuir noir avec ses garnitures.

153. — Dague dite *main gauche* ou *brise-lames*, de la fin du XVIᵉ siècle.

Lame à un seul tranchant d'un côté, largement repercée à jour et dentelée de l'autre côté, en forme de pointes de flèches. Au talon on remarque d'un côté un écusson et de l'autre une fleur, gravés. Coquille repercée à jour. Quillons inégaux, terminés par deux têtes de lion. Le pommeau est une tête de lion. Le tout noir. Cette dague servait pour le duel.

154 — Dague dite *main gauche* ou *brise-lames*, de l'époque de Louis XIII.

Lame à trois pointes : les deux petites lames latérales, faisant corps avec la lame du milieu, se séparent à la pression d'un ressort à paillette placé à son talon. Fusée en ébène. Coquille pleine; quillons courts et pommeau uni, le tout en cuivre doré. Cette arme servait pour le duel.

155. — Pertuisane, de la deuxième moitié du XVIᵉ siècle.

Très-long fer, à arête; petits ailerons en croissant, tournés vers la pointe de la lame. Bois du temps.

Trouvée à Martainneville-les-Butz (Somme).

12

ARMES DE JET.

156. — Arbalète à cric , du commencement du XVIIe siècle.
Fût en ébène incrusté d'ivoire.

157. — Arbalète à cric , de la même époque , mais un peu plus petite.
Fût en ébène, incrusté d'ivoire.

ARMES A FEU.

158. — Pistolets à rouet, français, à longs canons, et de forme presque droite. La paire.

Crosses en bois de poirier : montures en argent : pommeaux allongés et cannelés, en acier : signés par *de Vannes*. — Fin de Louis XIII.

159. — Pistolets à pierre, XVIII° siècle.

Allemands; courts; à quatre canons tournant au moyen d'une pression sur la sous-garde. Fûts en ébène incrusté d'ivoire.

160. — Poire à poudre, complète, en corne de cerf, avec sa cartouchière en cuir piqué, époque de Henri IV : 1590.

La date est donnée par un personnage sculpté en relief, portant le costume du temps.

161. — Poire à poudre en bois recouvert de cuir façonné à jour ; vénitienne.

Fin du XVIe siècle.

162. — Poire à poudre, de même forme, en cuir gaufré, garnie en ivoire.

Fin du XVIe siècle.

163. — Longue poire à poudre, en corne de cerf, gravée.

Deuxième moitié du XVIe siècle.

[Lille-Imp. L. Danel]

www.ingramcontent.com/pod-product-compliance
Lightning Source LLC
Chambersburg PA
CBHW060536210326
41519CB00014B/3236